校企合作土木与建筑工程专业系列丛书
互联网+创新型“十四五”精品教材

建筑装饰工程预算（微课版）

主　编◎宋佩佩　李冬霞　岳永东
副主编◎李文倩　朱柯屹　刘　斌
曹春花　汪　巍　王　静

哈尔滨工程大学出版社
Harbin Engineering University Press

内 容 简 介

本书将理论知识与工程实践的实例相结合，具有较强的指导性和可读性。本书共分八个项目，主要包括建筑装饰工程概预算基础、工程计价基础依据解读、建筑工程定额计价解析、建筑装饰工程预算详解、建筑装饰工程计费解析、建筑装饰工程量计算解析、装饰工程招投标与投标报价解析、建筑工程全过程造价管理解析等内容。

本书具有内容翔实、深浅适度、可操作性强、适用面广等特点，既可作为应用型本科院校、职业院校、技工类院校的教材，也可作为工程技术人员学习工程预算知识的参考用书。

图书在版编目（CIP）数据

建筑装饰工程预算 ： 微课版 / 宋佩佩，李冬霞，岳永东主编. -- 哈尔滨 ： 哈尔滨工程大学出版社，2025. 6. -- ISBN 978-7-5661-4804-9

Ⅰ. TU723.3

中国国家版本馆 CIP 数据核字第 2025QH0177 号

建筑装饰工程预算（微课版）

JIANZHU ZHUANGSHI GONGCHENG YUSUAN（WEIKE BAN）

选题策划 张林峰
责任编辑 秦 悦

出版发行 哈尔滨工程大学出版社
社　　址 哈尔滨市南岗区南通大街 145 号
邮政编码 150001
电　　话 0451-82519989
经　　销 新华书店
印　　刷 唐山唐文印刷有限公司
开　　本 787 mm×1 092 mm 1/16
印　　张 15
字　　数 384 千字
版　　次 2025 年 6 月第 1 版
印　　次 2025 年 6 月第 1 次印刷
书　　号 ISBN 978-7-5661-4804-9
定　　价 49.80 元

http://www.hrbeupress.com
E-mail:heupress@hrbeu.edu.cn

前　言

党的二十大报告指出，“坚持尊重劳动、尊重知识、尊重人才、尊重创造，实施更加积极、更加开放、更加有效的人才政策”“着力形成人才国际竞争的比较优势。加快建设国家战略人才力量”“深化人才发展体制机制改革……把各方面优秀人才集聚到党和人民事业中来”。

随着时代与经济的快速发展，建筑装饰行业不断革新，对从业人员的专业素养提出了更高要求。无论是企业管理层统筹全局的成本控制与利润规划，还是一线施工管理人员对日常物料消耗与人员薪酬的精准核算，建筑装饰工程概预算能力已成为行业从业者不可或缺的核心技能。

本书以“能力导向、实用为本”为编写理念，紧密围绕土木与建筑工程专业人才培养目标，深度融合最新政策法规、行业标准与工程实践，系统构建知识体系。本书具有如下特点。

（1）实用性强。以真实项目为载体，融入工程量计算、定额套用、费用审核等全流程实战场景，强化读者解决实际问题的能力。

（2）体系科学。内容涵盖工程计价依据解析、定额与清单计价模式对比、预算编制与审查要点等，构建从基础认知到综合应用的完整知识链。

（3）资源前沿，结构清晰。整合最新行业规范、地方标准及信息化技术应用，助力读者掌握与时俱进的专业技能，配套实训任务与评价体系，适合“教、学、做”一体化教学模式。

本书由宋佩佩（济南工程职业技术学院）、李冬霞（嘉兴职业技术学院）、岳永东（天府新区航空旅游职业学院）担任主编，由李文倩（沧州职业技术学院）、朱柯屹（重庆市能丰建设发展有限公司）、刘斌（河南地矿职业学院）、曹春花（济南工程职业技术学院）、汪巍（景德镇艺术职业大学）、王静（重庆市子漫人力资源服务有限公司）担任副主编。本书的相关资料和售后服务可扫封底微信二维码或登录www.bjzzwh.com 下载获得。

在本书的编写过程中，编者参考了大量资料，在此向相关人员表示感谢。由于编者水平有限，书中难免存在不足之处，恳请广大读者批评指正并提出宝贵意见。

编　者

目　录

项目一

建筑装饰工程概预算基础

项目导读

在建筑装饰领域，精准的工程概预算是项目成功的关键。从家居装修到商业空间打造，概预算影响着成本控制与利润获取。本项目将带你深入探索建筑装饰工程概预算的世界，了解其在建设项目中的重要地位，掌握概预算的编制、审查方法，以及相关专业的发展与考级情况，为你开启建筑装饰工程概预算学习的大门。

学习目标

知识目标

1. 掌握建筑装饰工程预算、建设项目等概念。
2. 熟悉概预算造价构成、计价方式等知识。
3. 了解相关专业发展及考级情况。

能力目标

1. 能准确阐述建筑装饰工程各环节概念。
2. 熟练区分概预算不同方面内容。
3. 清晰介绍专业发展与考级信息。

素质目标

1. 培养严谨细致的专业素养。
2. 提升对行业发展的敏感度。
3. 增强自我提升意识。

思政目标

引导学生树立正确的价值观，培养其职业责任感，使学生认识建筑装饰工程概预算在行业中的重要性，激励其为行业发展贡献力量。

任务一 建筑装饰工程基础剖析

任务描述

小张刚入职一家装饰公司，接到第一个任务是为一家咖啡厅的墙面翻新项目做预算。他拿到设计图后，发现墙面需要处理基层、刷漆、安装装饰板，但不确定哪些属于“建筑装饰工程”的范畴。同事老王提醒他：“建筑装饰工程不仅是为了美观，还要保护墙体结构。比如基层处理能防止开裂，刷漆能防潮，装饰板还能隔音。”小张恍然大悟，原来每个步骤都有其功能和意义，而不仅仅是表面美化。

任务分析

小张的困惑源于他对建筑装饰工程作用的理解不足。建筑装饰工程不仅能美化空间，还承担着保护建筑主体、改善使用功能等职责。需要明确建筑装饰工程的定义、分类及作用，才能帮助从业者从整体上理解其技术性和经济性价值，为后续预算编制奠定基础。

任务实施

一、建筑装饰工程预算的概念

（一）建筑装饰装修

建筑装饰装修是指为了保护建筑物的主体结构，完善建筑物的物理性能、使用功能和美化建筑物，采用建筑装饰材料和相应的饰物对建筑物的内外表面及空间进行各种处理的一系列工程建设的活动，它包含建筑装修、建筑装饰、建筑装潢等。通常，装饰装修工程也简称为装饰工程。

（二）建筑装饰装修的作用

1. 具有装饰性

建筑装饰装修能够丰富建筑设计的效果，体现建筑艺术的表现力，美化建筑物。

2. 保护建筑物的主体

建筑装饰装修可使建筑物主体不受外界风雨和有害物质的侵害。

3. 保证建筑物的使用功能

该作用是指为满足某些建筑物在灯光、卫生、保温、隔声等方面的要求而进行的各种布置，以改善人们的生活条件和居住环境。

4. 强化建筑物的空间序列

对公共娱乐空间、商场、写字楼等建筑物的内部进行合理布局和分隔，以满足人们在使用过程中的各种需求。

5. 强化建筑物的意境和气氛

在基本的建筑物主体环境下，对室内外的不同界面进行二次创造，从而达到满足人们精神层次需求的目的。

总而言之，在所熟悉的公共及居住空间中都有建筑装饰装修的元素，它提升了人们的物质生活水平。通过对装饰材料及不同色彩、质感等元素的运用，人们在心理上得到了愉悦。

因此，作为建筑装饰装修企业，在进行装饰装修的过程中，除了要进行合理的施工外，还要在成本上进行控制，合理地控制报价。适宜的报价，既能使企业获取一定的经济利益，又能通过装饰装修提升人们的生活品质。

（三）建筑装饰工程预算

建筑装饰装修工程预算也被称为建筑装饰工程预算，是指在装饰工程项目建设过程中，根据不同的设计阶段、设计文件的具体内容、国家或地区规定的定额指标及各类取费标准，预先计算和确定每项新建、扩建、改建项目中的装饰工程所需全部投资额的活动。

二、建设项目的概念、分类和组成

（一）建设项目的概念

扫一扫

什么是建设项目

建设项目实质上是固定资产的投资项目，主要包括房屋建筑、桥梁、隧道、公路、铁路港口、码头、机场等土木工程。通常通过具体的建设项目来实现固定资产的投资活动。

工程建设是通过对不同建设项目进行施工来完成的，包括建筑工程、设备及工器具购置、安装工程和其他建设工程。

1. 建筑工程

建筑工程是指各种建筑物的新建、改建和恢复工程。例如，厂房、住宅、学校、医院、道路、桥梁、码头等建筑物和构筑物的建设。

2. 设备及工器具购置

例如，生产、动力、起重、运输、实验、医疗等设备及工器具的购置。

3. 安装工程

例如，设备的装配和安装。

4. 其他建设工程

其他建设工程是指与上述工程建设工作相联系的工作。例如，勘察设计、监理、土地购置、管理人员培训、生产准备等工作。

（二）建设项目的分类

建设项目由于分类的依据不同，其类别也不同。

1. 按建设性质分类

按建设性质分类，可划分为基本建设项目和更新改造项目两大类。

（1）基本建设项目是指投资建设用于扩大生产能力或增加工程效益的新建、改建、扩建、恢复的工程项目。

（2）更新改造项目是指建设资金用于对企业、事业单位原有设施进行技术改造或固定资产更新的工程项目。

2. 按投资作用分类

按投资作用分类，可划分为生产性建设项目和非生产性建设项目两大类。

（1）生产性建设项目是指直接用于物质生产，或直接为物质生产服务的建设项目。例如，工业建设、农业建设、基础设施建设等。

（2）非生产性建设项目是指用于满足人民物质、文化、福利需要的建设项目和非物质生产部门的建设项目。例如，办公用房、居住用房、公共建筑等。

3. 按项目规模分类

按项目规模分类，可划分为大、中、小型三类；更新改造项目可划分为限额以上和限额以下两类。

（三）建设项目的组成

建设项目是指按照同一个总体设计，在两个或两个以上工地上进行建造的单项工程之和。一个建设项目，一般应有独立的设计任务书，在行政上有独立组织建设的管理单位，在经济上有进行独立经济核算的法人组织，如一个工厂、一所医院、一所学校等。建设项目的价格，一般是由编制设计总概算或修正概算来确定的。

在基本建设过程中，建筑安装造价的计算比较复杂。为了准确计算建筑产品价格和进行建设工程的有效管理，必须将建设项目按照其组成内容的不同进行科学的分解，从大到小，把一个建设项目划分为单项工程、单位工程、分部工程和分项工程四个层次。

1. 单项工程

单项工程是指具有独立的施工条件和设计文件，建成后能够单独形成生产能力及发挥效益的工程项目。例如，办公楼、教学楼、食堂、宿舍楼等。它是建设项目的组成部分，其工程产品价格是由编制单项工程综合概预算确定的。

2. 单位工程

单位工程是指具有独立的设计图纸与施工条件，但建成后不能单独形成生产能力及发挥效益的工程。它是单项工程的组成部分，例如，一栋住宅楼中的土建工程、装饰工程、给排水工程、电气照明工程、设备安装工程等，如果完成其中一项单位工程，是不能发挥使用效益的。单位工程是编制设计总概算、单项工程综合概预算的基本依据。单位工程价格一般可通过编制施工图预算确定。

3. 分部工程

分部工程是单位工程的组成部分，是按照建筑物的结构部位或主要工种划分的工程分项。例如，装饰工程中的楼地面工程、墙柱面工程、门窗工程等。分部工程费用组成单位工程价格，它也是按分部工程发包时确定承发包合同价格的基本依据。

4. 分项工程

分项工程是分部工程的细分，是构成分部工程的基本项目，又称工程子目或子目。它是通过较为简单的施工过程就可以生产出来并可用适当计量单位进行计算的建筑工程或安装工程。一般按照选用的施工方法，所使用的材料、结构构件规格等不同因素划分分项工程。例如，楼地面工程一般分为垫层、防潮层、找平层、结合层、面层等分项工程。

综上所述，一个建设项目由一个或若干个单项工程组成，一个单项工程由若干个单位工程组成，一个单位工程又由若干个分部工程组成，一个分部工程又可划分为若干个分项工程。如图 1-1 所示为建设项目分解示意图。从图中可看出建设项目、单项工程、单位工程、分部工程和分项工程之间的内在联系与区别。

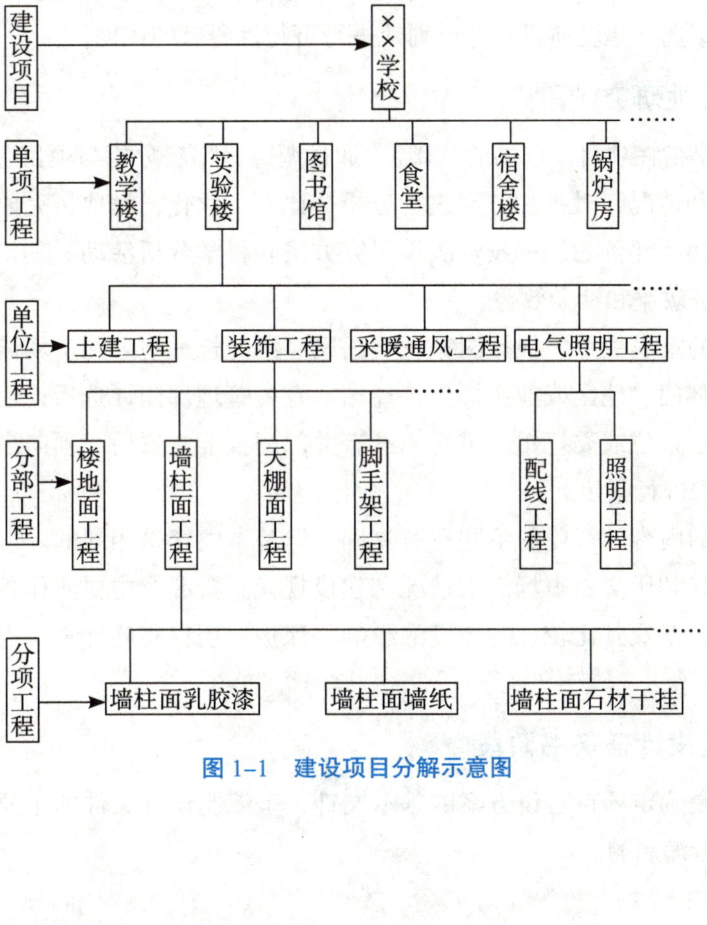

图 1-1　建设项目分解示意图

三、建设项目的基本建设程序

建设项目的基本建设程序是指建设项目从策划、评估、决策、设计、施工到竣工验收、投入生产或交付使用的整个建设过程中，各个工作必须遵循的先后顺序。建设项目的基本建设程序是工程建设过程客观规律的反映，是建设项目有序进行的重要保证。

建设项目的基本建设程序如图 1–2 所示。

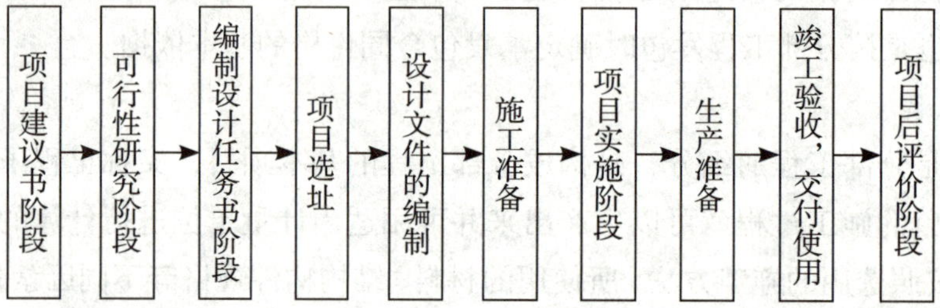

图 1–2　建设项目的基本建设程序

（一）项目建议书阶段

项目建议书是投资者向国家提出建设某一项目的建议性文件，它使拟建项目得到初步设想。其主要内容包括建设项目提出的必要性和依据，产品的方案、拟建规模和建设地点的初步设想，资源情况、建设条件、投资估算和资金筹措设想，经济效益和社会效益设想等。项目建议书是国家选择建设项目和有计划地进行可行性研究的依据。

（二）可行性研究阶段

可行性研究是指在项目建议书的基础上，通过调查、研究、分析与项目有关的社会、技术、经济方面的条件和情况，对各种方案进行分析、比较、优化，对项目完成后的经济效益和社会效益进行预测、评价的一种投资决策研究方法和科学分析活动。其目的是保证实现建设项目的最佳经济效益和社会效益。

按建设项目的隶属关系，根据国家发展国民经济的长远规划和市场需求，项目建议书由国家有关主管部门、地区或业主提出，经国家有关管理部门评选后，进行可行性研究。可行性研究由建设单位或委托单位进行，经有关部门批准立项后，须向当地建设行政主管部门或其授权机构进行报建。

可行性研究的内容随行业的不同有所差别，但基本内容是相同的。可行性研究一般包括建设项目的背景和历史、市场需求情况和建设规模、资源及主要协作条件、建厂条件和厂址方案、设计方案及其比较、对环境的影响和保护、项目实施计划、进度要求、财务和经济评价等。

（三）编制设计任务书阶段

设计任务书是确定项目建设方案的基本文件，是编制设计文件的主要依据，是在可行性研究基础上进行编制的。

设计任务书的内容随着建设项目不同而有所差别。大中型工业项目一般应包括以下几个方面。

（1）建设的目的和依据。

（2）建设规模、产品方案及生产工艺要求。

（3）矿产资源、水文、地质、燃料、动力、供水、运输等协作配套条件。

（4）资源综合利用和“三废”治理的要求。

（5）建设地点和占地面积。

（6）建设工期和投资估算。

（7）防空、抗震等要求。

（8）人员编制和劳动力资源。

（9）经济效益和技术水平。

对于非大中型工业项目设计任务书的内容，各地区可根据上述基本要求，结合各类建设项目的特点加以补充和删改。

（四）项目选址

项目的建设地点应根据区域规划和设计任务书的要求选择。项目选址是落实建设项目具体坐落位置的重要工作，是建设项目设计的前提。

项目选址主要考虑下面几个因素。

（1）原料、燃料、水源、劳动力等技术经济条件。

（2）地形、工程地质、水文地质、气候等自然条件。

（3）交通、动力、矿产等外部建厂条件。

（4）职工生活条件，“三废”治理等。

（五）设计文件的编制

建设项目设计任务书和选址报告批准后，建设单位应委托设计单位，按设计任务书的要求，编制设计文件。设计文件是组织工程施工的主要依据。对于一般的大中型项目，应增加技术设计阶段，即进行三阶段设计。

初步设计的目的是确定建设项目在确定地点和规定期限内进行建设的可能性和合理性，从技术上和经济上对建设项目做出全面规划和合理安排，做出基本技术决定，确定总的建设费用，以便取得最好的经济效益。

技术设计是为了研究和解决初步设计所采用的工艺过程、建筑与结构形式等方面的主要技术问题，补充完善初步设计。

施工图设计是在批准的初步设计的基础上制订的，比初步设计具体、准确。其成果包括进行建筑安装工程、管道工程、钢筋混凝土工程和金属结构工程，以及房屋构造、构筑物等施工所采用的图纸，是现场施工的依据。

（六）施工准备

根据批准的总预算和建设工期，合理安排建设项目的年度计划。年度计划安排的建设内容，要和能取得的投资、材料、设备和劳动力相适应。配套项目要同时安排，相互衔接。当建设项目列入年度计划后，就可以进行施工准备工作了。施工准备的内容有很多，包括办理征地拆迁、主要材料及设备的订货、建设场地的“三通一平”等。

（七）项目实施阶段

组织施工是根据列入年度计划确定的建设任务，按照施工图纸的要求进行的。

在建设项目施工之前，建设单位应按照有关规定办理开工手续，取得当地建设行政主管部门颁发的施工许可证，通过施工招标选择施工单位，进行招投标报价，签订施工合同，之后方可进行施工。

（八）生产准备

建设项目投资的最终目的就是要形成新的生产能力。为保证项目建成后能及时投产使用，建设单位要根据建设项目的生产技术特点，组织专门的生产班子，抓好生产准备工作。

生产准备工作的主要内容有：招收和培训生产人员；组织生产人员参加设备安装、调试和工作验收；落实生产所需原材料、燃料、水、电等来源；组织工具、器具的订货等。

（九）竣工验收，交付使用

建设项目按设计文件规定的内容和标准全部完成并符合要求后，应及时组织办理竣工验收。

竣工验收前，施工单位应组织自检，整理技术资料，在正式验收时作为技术档案移交建设单位保存。建设单位应向主管部门提出验收，并组织勘察、设计、施工等单位进行验收。

竣工验收是考核建设成果、检验设计和施工质量的关键步骤，是建设项目由投资成果转入生产或使用的标志。竣工验收合格后，建设项目才能交付使用。

从竣工验收交付使用之日起，还有一个保修期，在保修期内，承包单位要对工程中出现的质量缺陷承担保修和赔偿责任。

（十）项目后评价阶段

项目交付使用后，建设方应对整个建设项目的投资和生产的投入进行评估与结算，将同期的建设项目的资金报告进行归档，以备后期在同类项目的投资中作为参考性造价文件使用。

任务二 建筑装饰工程概预算详解

任务描述

咖啡厅老板要求小张提供一份详细预算，包含材料费、人工费和机械费。小张在计算时发现，直接费中“其他直接费”包含夜间施工增加费，但他不清楚这类费用如何界定。老王解释道：“比如赶工时需要夜间加班照明，这部分电费和人工补贴就属于其他直接费。”小张这才意识到，预算的每一笔费用都需严格按定额标准分类。

任务分析

小张的问题源于他对概预算费用构成的模糊认知。需要解析直接费、间接费、利润和税金的组成，强调定额与市场价的结合，才能帮助学习者掌握费用分类的逻辑，避免漏项或重复计算。

任务实施

建筑装饰工程概预算是指对建筑装饰工程的收支指标做预测性的事先计算，这种概预算在编制时必须要按照制度规定编制。

一、建筑装饰工程概预算造价

建筑装饰工程概预算在建筑装饰工程中起着十分重要的作用，它不仅是建筑装饰工程全部费用筹备的计划性文件，同时也是建筑装饰工程各个阶段设计文件的重要组成部分。

建筑装饰工程施工过程中会发生装饰材料与装饰施工机械及机具的价值转移，同时还会产生一系列的体力劳动与脑力劳动，并随之产生全新的建筑装饰工程价值。因而，建筑装饰工程概预算造价应当包括脑力劳动与物化劳动消耗的价值以及通过劳动激发的价值，即建筑装饰工程概预算造价是由建筑装饰工程直接工程费、间接费、利润以及税金组成（图 1–3）。

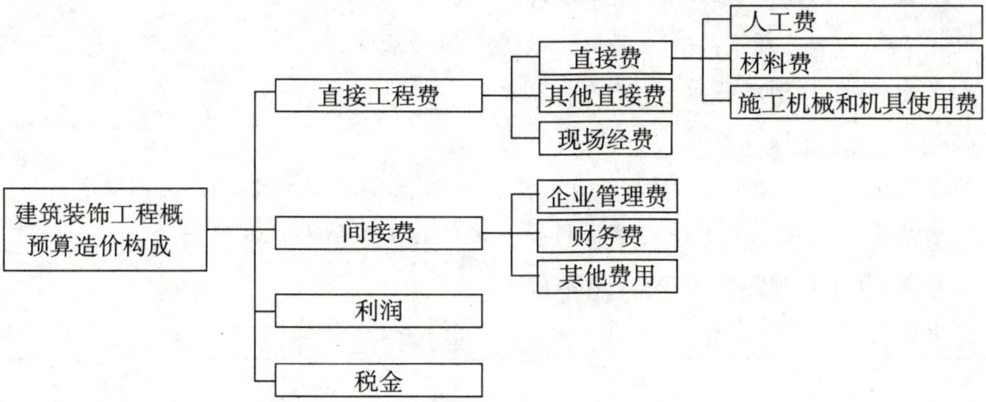

图 1–3 建筑装饰工程概预算造价构成

具体释义如下。

（一）直接工程费

直接工程费主要由直接费、其他直接费以及现场经费组成，它是建筑装饰工程中不可避免的一项费用，其计价主要参考现场装饰项目的工程量，需要多次核查。

1. 直接费

直接费一般指在建筑装饰工程施工过程中直接产生和用于建筑装饰项目加工的各项费用，包括人工费、材料费以及施工机械和机具使用费。

（1）人工费

人工费主要用于支付直接从事建筑装饰工程施工人员及职工的各项开支费用。人工费一般包括基本工资、工资性补贴、生产工人辅助工资、职工福利费以及生产工人劳动保护费等费用。

（2）材料费

材料费指直接用于建筑装饰工程制造和施工的各项材料费用。材料费一般包括建筑装饰主要用材、辅助用材、装饰零配件以及半成品等的费用。此外，在建筑装饰施工过程中周转使用的材料的摊销或租赁费用也需纳入材料费中。

（3）施工机械和机具使用费

施工机械和机具使用费指在建筑装饰施工过程中直接使用施工机械和机具作业所产生的费用。施工机械和机具使用费主要包括折旧费、机械和机具修理费、机械和机具租赁费、燃料动力费以及基础人工费等。

2. 其他直接费

其他直接费指除基本直接费之外施工过程中所发生的其他费用，主要包括冬雨季施工增加费、夜间施工增加费、材料二次搬运费、仪器仪表使用费、生产工具用具使用费、材料工具检验试验费、特殊工种培训费、工程定位复测与点交费等费用。

拓展阅读

建筑装饰工程直接费的相关计算方式：

直接工程费＝定额直接费＋其他直接费＋现场经费；

人工费 =∑（分项工程量 × 定额人工费）；

材料费 =∑（分项工程量 × 定额材料费）；

施工机械和机具使用费 =∑（分项工程量 × 定额施工机械和机具使用费）；

定额基价＝定额人工费＋定额材料费＋定额施工机械和机具使用费；

直接费 =∑（分项工程量 × 定额基价）；

其中，∑表示数列求和。

3. 现场经费

现场经费指为施工准备、组织施工生产和管理所需的费用，主要包括临时设施费以及现场管理费。

现场经费 = 直接费 × 现场经费费率

（二）间接费

间接费指施工企业为组织施工和进行经营管理，以及间接为建筑装饰安装生产服务的各项费用，主要包括企业管理费、财务费以及其他费用等。

间接费 = 直接工程费 × 间接费费率

（三）利润

利润指在建筑装饰工程施工过程中，施工企业完成所承包工程应收取的利润。

利润 =（直接工程费 + 间接费）× 计划利润率

（四）税金

税金指按国家税法规定的应计入建筑装饰安装工程造价内的营业税、城市建设维护税以及教育费附加。

税金 =（直接工程费 + 间接费 + 计划利润）× 税率

拓展阅读

人工单价的具体内容

了解人工单价的具体组成能够更准确地进行建筑装饰工程概预算的编制（图 1–4）。

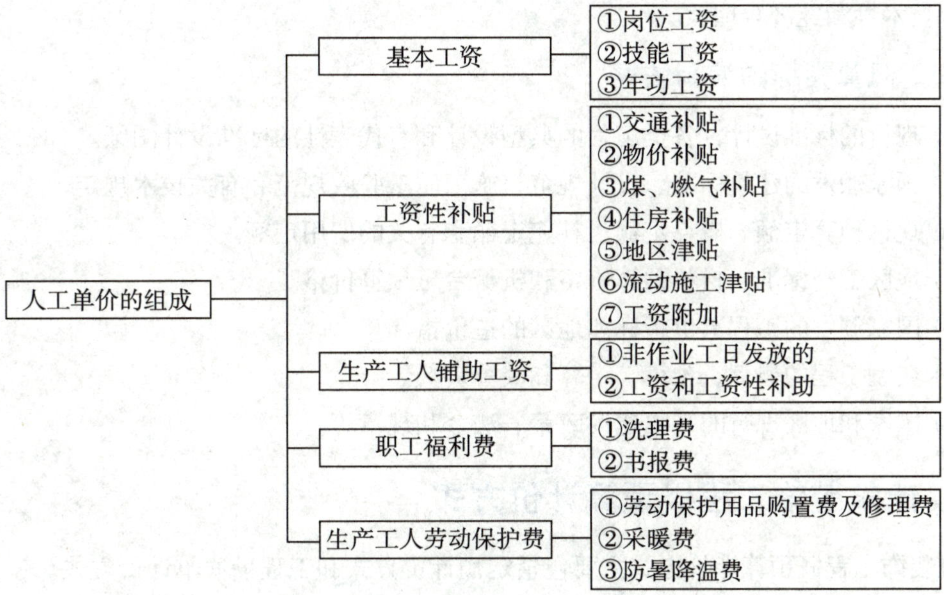

图 1–4　人工单价的组成

二、建筑装饰工程概算指标

（一）概算指标的概念

概算指标是在概算定额的基础上综合、扩大，介于概算定额和投资估算指标之间的一种定额，主要用于规定建筑装饰工程所需的人工、材料、机械消耗量以及资金数量。

（二）概算指标的作用

1. 基础性作用

概算指标能为编制初步设计概算，为确定建筑装饰工程概算造价提供基础依据。

2. 技术参考作用

概算指标能为建筑装饰工程的设计方案提供技术经济分析，同时能考核投资效果。此外，概算指标还能为建设单位编制基本建设计划、申请投资款以及编制投资估算提供科学性的依据。

（三）概算指标的编制原则

（1）按照平均水平确定概算指标的原则。概算指标的编制必须满足社会经济发展的需要，编制时要按照社会必要劳动时间，深入贯彻平均水平的编制原则。

（2）内容与表现形式要简明适用。概算指标的制定内容要能满足市场经济的客观要求，同时其表现形式也应通俗易懂，确保概算指标有比较广的适应面，且能在较大范围内满足不同用途的需要。

（3）编制依据必须具有代表性。概算指标编制所依据的工程设计资料，应具有一定的代表性、技术性和经济合理性。

（四）概算指标的编制依据

（1）现行的标准设计，各类工程的典型设计和有代表性的标准设计图纸。

（2）国家颁发的建筑标准、设计规范、施工质量验收规范和有关技术规定。

（3）现行预算定额、概算定额、补充定额和有关的费用定额。

（4）地区工资标准、材料预算价格和机械台班预算价格。

（5）国家颁发的工程造价指标和地区的造价指标。

（6）典型工程的概算、预算、结算和决算资料。

（7）国家和地区现行的基本建设政策、法令和规章等。

三、建筑装饰工程概预算计价方式

建筑装饰工程概预算计价方式主要包括定额计价方式和工程量清单计价方式。

（一）定额计价方式

定额计价方式指以预算额为基准确定各分部、分项工程的人、材、机消耗量和定额直接费，从而确定单位工程造价的计价方法（图 1-5）。

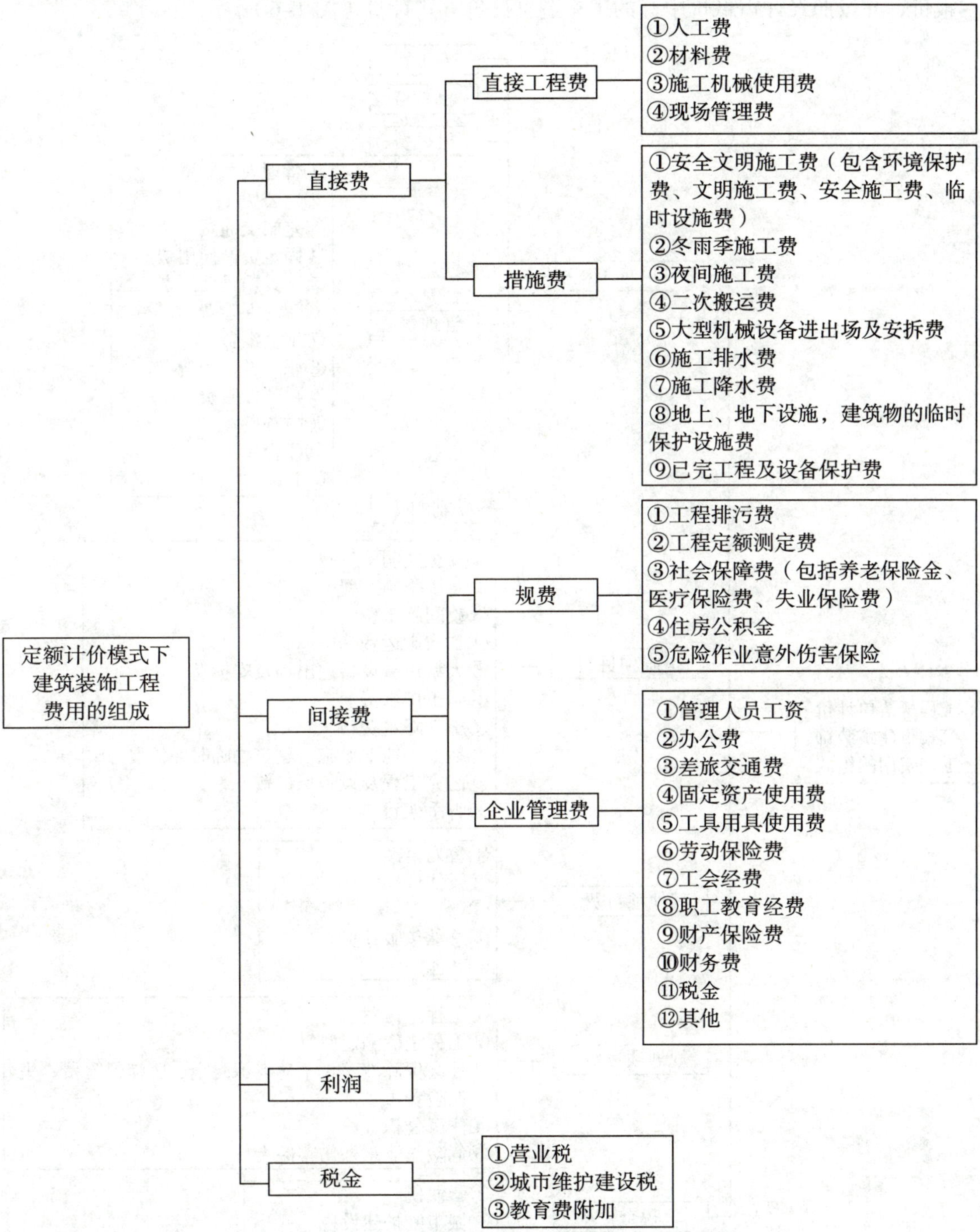

图 1-5　定额计价模式下建筑装饰工程费用的组成

（二）工程量清单计价方式

工程量清单计价方式指在建设工程招投标中，招标人按照《建设工程工程量清单计价标准》（GB/T 50500—2024）的工程量计算规则提供工程量，由投标人依据工程量清单自主报价，并按照经评审低价中标的工程造价计价方式计价（图 1-6）。

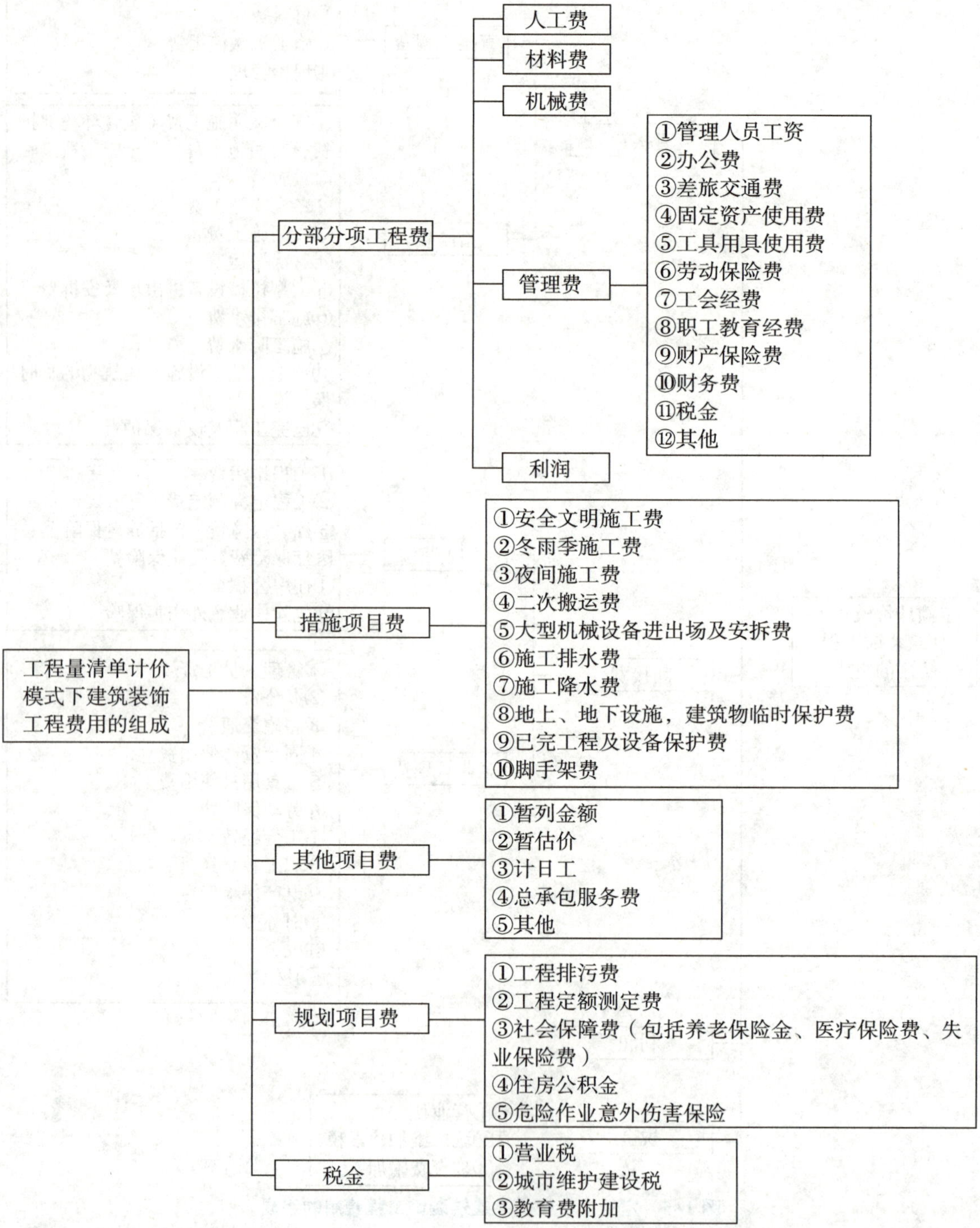

图 1-6　工程量清单计价模式下建筑装饰工程费用的组成

四、建筑装饰工程概预算文件

建筑装饰工程概预算文件主要包括总概预算书、综合概预算书、单位工程概预算书、其他工程装饰和费用概预算书以及相关价值估算表等。

（一）总概预算书

总概预算书是确定大、中型建筑装饰项目概预算造价的总文件。

（二）综合概预算书

综合概预算书是确定独立公用房屋建筑装饰和独立建筑物内外装饰等单项工程费用的综合性文件。

（三）单位工程概预算书

单位工程概预算书是确定单项建筑装饰工程中的室内装饰工程、室内厨卫装饰工程、室外庭院装饰与美化工程、安装音响设备与灯具工程等工程费用的文件。

（四）其他工程装饰和费用概预算书

其他工程装饰和费用概预算书是确定与室内外装饰工程有关的其他工程装饰和费用的文件。

（五）相关价值估算表

相关价值估算表包括单位价值计算表、估价表、估价汇总表以及主要装饰材料、装饰成品、半成品、暂估价、参考价概预算价格计算表等。

任务三　建筑装饰工程概预算审查要点

任务描述

小张提交预算后，公司质检部发现他将“高档石材”误套为“普通瓷砖”定额，导致总价偏差 30%。质检员小李指出：“审查预算不仅要看数字，还要核对材料规格和工艺是否匹配。”小张意识到，审查是确保预算精准的关键环节，需逐项验证其合理性。

任务分析

预算审查的核心在于核实工程量、定额套用和费用标准的合规性。需要强调审查的意义与方法（如逐项审查法、重点审查法等），培养严谨的态度，才能避免因细节疏忽造成经济损失。

任务实施

建筑装饰工程概预算审查的目的在于更科学地进行建筑装饰工程施工，了解审查的意义与目的、原则及方法势在必行。

一、审查的意义与目的

经济和文明的高速发展，一方面，为城市建设提供了便利；另一方面，也加速了建筑装饰行业的发展进程。对于诸多的建筑商人以及建筑工程承包单位而言，现行的建筑装饰工程定额所采用的施工方法过于传统，不能满足日益发展的建筑行业需要，因此，迫切需要成立一个专门的审查部门，用于审查建筑装饰工程概预算的造价构成。

从稳定建筑装饰行业状况的角度出发，建筑装饰工程概预算审查的意义主要体现在以下几个方面。

（一）增强企业经济核算能力

建筑装饰工程概预算可以帮助装饰企业进行合理的工料核算和实际消耗量核算，对建筑装饰工程概预算的审查则能帮助装饰企业加强企业经营管理、降低企业装饰成本、增强企业核心竞争力，同时还能为其经济核算提供科学化和数据化的理论依据。

（二）正确确定建筑装饰工程造价

审查建筑装饰工程概预算能避免不合理的补充定额和换算定额，解决在装饰工程中出现的不合理情况，对于确定正确的建筑装饰工程造价有很大的益处。

（三）提高建设单位投资效益

建筑装饰工程概预算经过审查之后能够有效减少不必要的支出，在有限的经济条件下也能获得不错的装饰效果，可以很好地提高建设单位的投资效益，节约建设资金，使其能够开展更多的建设活动。

（四）增强企业财务管理和监督能力

经过审定后的建筑装饰工程概预算为金融机构发放工程贷款、工程进度付款提供了有力的依据，同时也是竣工决算必要的参考资料。此外，审查后的建筑装饰工程概预算为装饰工程的造价构成提供了合理的依据，更为金融机构监督、管理企业财务提供了良好的客观依据。

（五）推动建筑装饰新工艺、新材料的应用

装饰材料为建筑装饰工程提供了良好的物质基础，新材料以及新工艺的出现也对建筑

装饰工程设计与施工的现代化起着一定的促进作用。审查建筑装饰工程概预算不仅要把握好建筑装饰工程设计的先进性，同时还需掌握好施工选材的恰当性，这样双管齐下，才能更好地推动新工艺、新材料的应用。

（六）提高建筑装饰工程概预算的编制质量

由于目前还有部分施工人员对建筑装饰工程预算定额以及各项相关规定不太了解，在实际的概预算编制中很容易出现差错，经过审查可有效提高建筑装饰工程概预算的编制质量。

二、审查的原则

审查建筑装饰工程概预算既能有效核定工程造价，也能加强经济核算，对于监督国家建设项目的实施起到了重要作用。为了更好地进行建筑装饰工程建设，节约国家建设资金，确保投资方和施工方的双向利益，在审查建筑装饰工程概预算时要遵循以下原则。

（一）坚持实事求是的原则

审查建筑装饰工程概预算的最根本目的是有效核实建筑装饰工程造价。因此，在审查过程中一定要结合国家基本建设方针、政策，并确保建筑装饰工程概预算的各项指标均符合国家基本规定，确保不会出现虚估多计、少算漏项的情况，务必实事求是，做出最真实的建筑装饰工程概预算。

（二）坚持理论联系实际的原则

传统的审查方法在当今已不再适用，为避免建筑装饰工程造价偏低，也为均衡建筑装饰工程造价，在审查建筑装饰工程概预算时一定要结合现代化的建筑装饰工业体系和现代化的建筑装饰工程施工技术，注重理论与实际相结合，全方位地进行建筑装饰工程概预算的审查。

（三）审查人员应清正廉洁

要避免在建筑装饰施工过程中出现安全事故，就必须远离无良奸商，杜绝劣质的建筑装饰材料。因此，审查人员必须以身作则、清正廉洁，在审查时必须按照国家有关高级建筑装饰材料的性能和质量要求，对建筑装饰工程概预算的各项内容进行审核。

（四）审查人员应具有科学的工作态度

在进行建筑装饰工程概预算审查时，审查人员要坚持量、价、费和设计技术标准共审的原则。如果想要装饰既能达到美观经济，又能使设计满足富丽且经济合理的要求，就需要审查人员具备科学的工作态度，能在审查过程中以事实服人。

三、审查的方法

（一）逐项审查法

逐项审查法也被称为全面审查法，从字面意思来理解，即审查时要按照建筑装饰工程概预算的构成内容，分项从工程数量、定额套用以及费用选定等方面，全面地进行概预算的审查（图 1-7）。此外，审查结束后还需将审查过程记录成册，并依据需要编制审查说明和审查报告，以便于会审讨论。

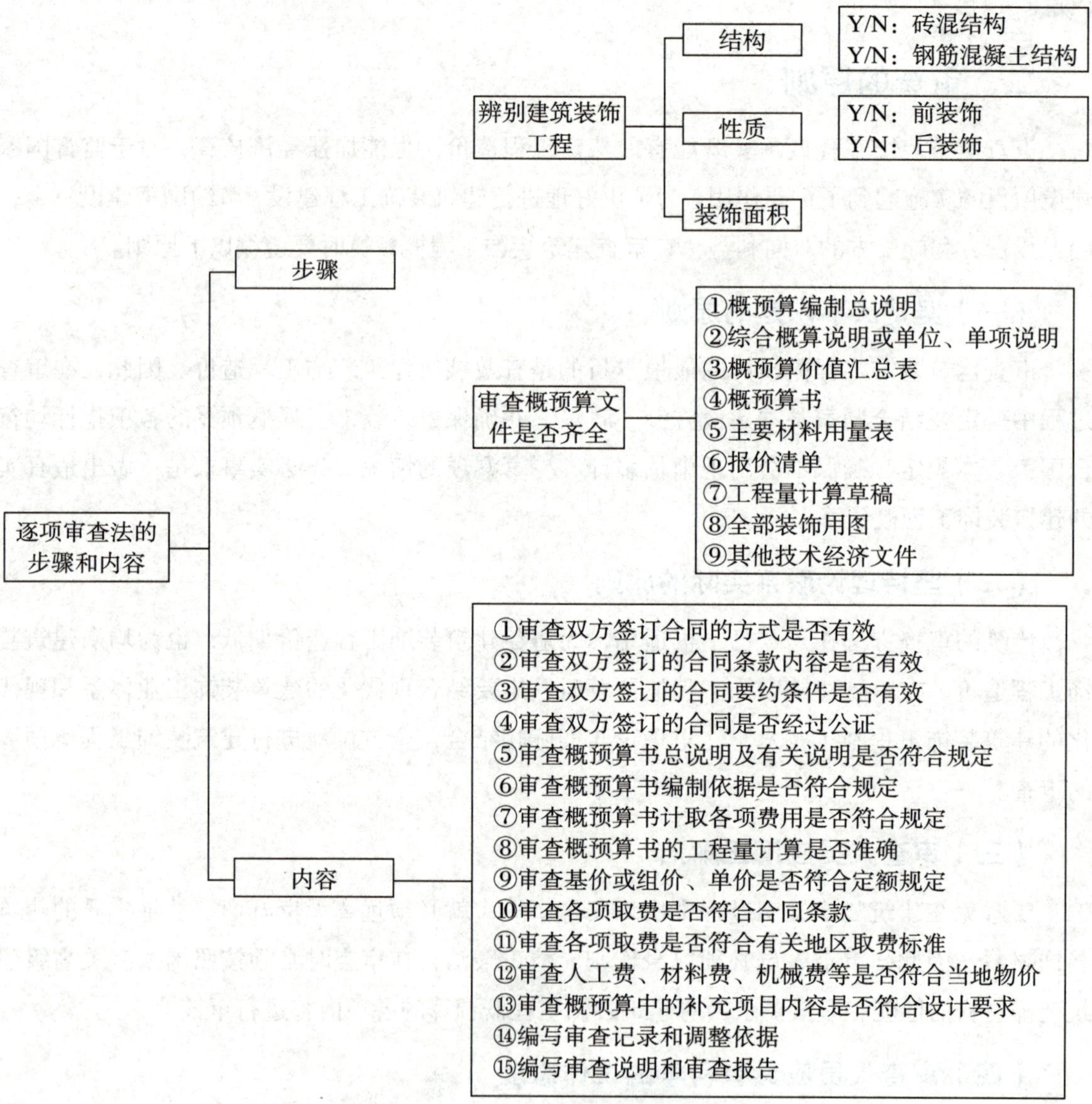

图 1-7　逐项审查法的步骤和内容

（二）重点审查法

重点审查法主要是通过对建筑装饰工程概预算进行重点项目的剖析和审查。其中，重点审查的项目多为投资价值较高的材料部分或者制作工艺颇为复杂且定额缺项的项目（图 1-8）。重点审查法适用于建筑装饰投资费用较大、装饰所用的新材料和新工艺较复杂的工程。

- 重点审查法的内容
  - 审查计算规则易混淆的项目工程量是否准确
  - 审查项目工程的计量单位是否正确
  - 审查易多次套用定额项目和高估冒算的项目
  - 审查项目工程是否存在重复列项的情况
  - 审查限制使用范围的项目工程，防止其任意扩大使用范围
  - 审查定额缺项和报价不合理的项目工程
  - 审查易出现乱报价以及脱离现行规定的组价、暂估价等的项目工程

图 1-8　重点审查法的内容

（三）抽项审查法

抽项审查法主要是对建筑装饰工程概预算中的各项目挑重点进行抽项审查。使用抽项审查法时要注意，一旦发现项目工程的准确性得不到保证，应立即一查到底，更正错误的项目。

（四）经验指标审查法

经验指标审查法主要是通过选取长期积累的工作经验数据进行对照，即将送审的建筑装饰工程概预算书进行对比分析，也可按照平方米的价值来进行比较分析。使用经验指标审查法时要注意，审查所用的指标要与审查对象完全一致。

任务四　相关专业发展态势

任务描述

小李大学毕业后想从事建筑装饰工程预算相关工作，他发现市场上对这方面人才的要求越来越高。他了解到此类工作不仅要掌握专业知识，还得具备多种技能，可他不太

清楚具体的职业要求和行业发展趋势。比如，不知道未来哪些技能更受欢迎，行业有哪些潜在的发展机会。那么，建筑装饰工程预算相关专业的职业要求和行业发展状况究竟如何呢？

任务分析

小李的困惑代表了很多即将进入该行业人员的迷茫。一方面，需要满足建筑装饰工程预算相关专业的职业要求，包括学历、技能等方面；另一方面，还要了解行业现状和发展前景，从而帮助更多的像小李这样的人明确学习方向，更好地适应行业发展，为进入该行业做好充分准备。

任务实施

这里主要介绍工程造价专业的发展（图 1–9、图 1–10）。工程造价指完成一项或多项建筑装饰工程的建设价格，包括预期或者实际所需的全部费用。

一、职业要求

要做好建筑装饰工程概预算的基本编制，除了要学好工程造价专业的基础知识外，还需满足以下职业要求。

（1）具备工民建、土木工程、建筑经济管理、工程造价、建筑工程以及预算等专业大专及以上学历。

（2）熟练掌握建筑施工工序、施工方法，并能鉴别施工质量的优劣以及了解一定的安全标准知识。

（3）熟记建筑识图、建筑结构和房屋构造的基本知识，了解常用建筑材料、构配件、制品以及常用机械设备。

（4）掌握工程量计算规则和工程量计算技巧，各项定额、人工费、材料预算价格和机械台班费的组成及取费标准的组成也需熟练掌握。

（5）有一定的电子计算机应用基础知识，能应用电子计算机编制施工预算，同时还可独立完成项目的估、概、预、结算等工作。

（6）具备良好的沟通能力、协调能力以及工作执行能力，对于相关的建筑经济法规十分了解，工程合同的各项条文也都能熟记于心，能参与招标、投标和合同谈判。

（7）有吃苦耐劳的精神，能够实事求是，能在充分掌握定额的内涵、工作程序、子目包括的内容、建筑工程量计算规则及尺度的同时，深入建筑工程第一线。

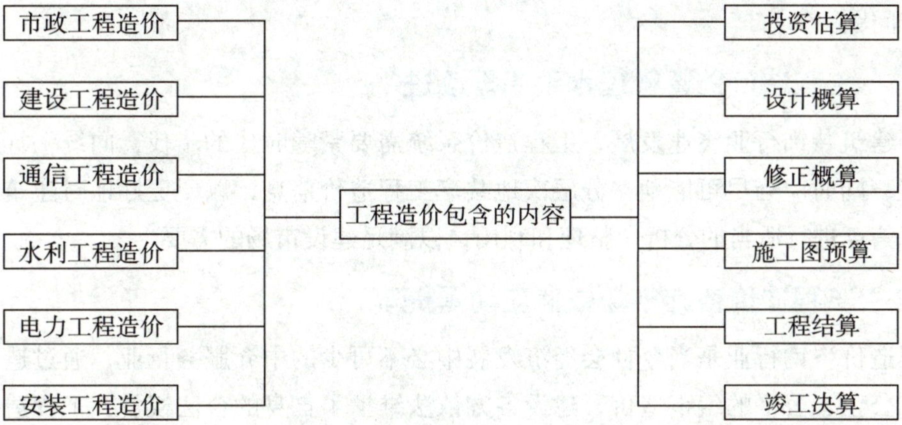

图 1–9　工程造价包含的内容

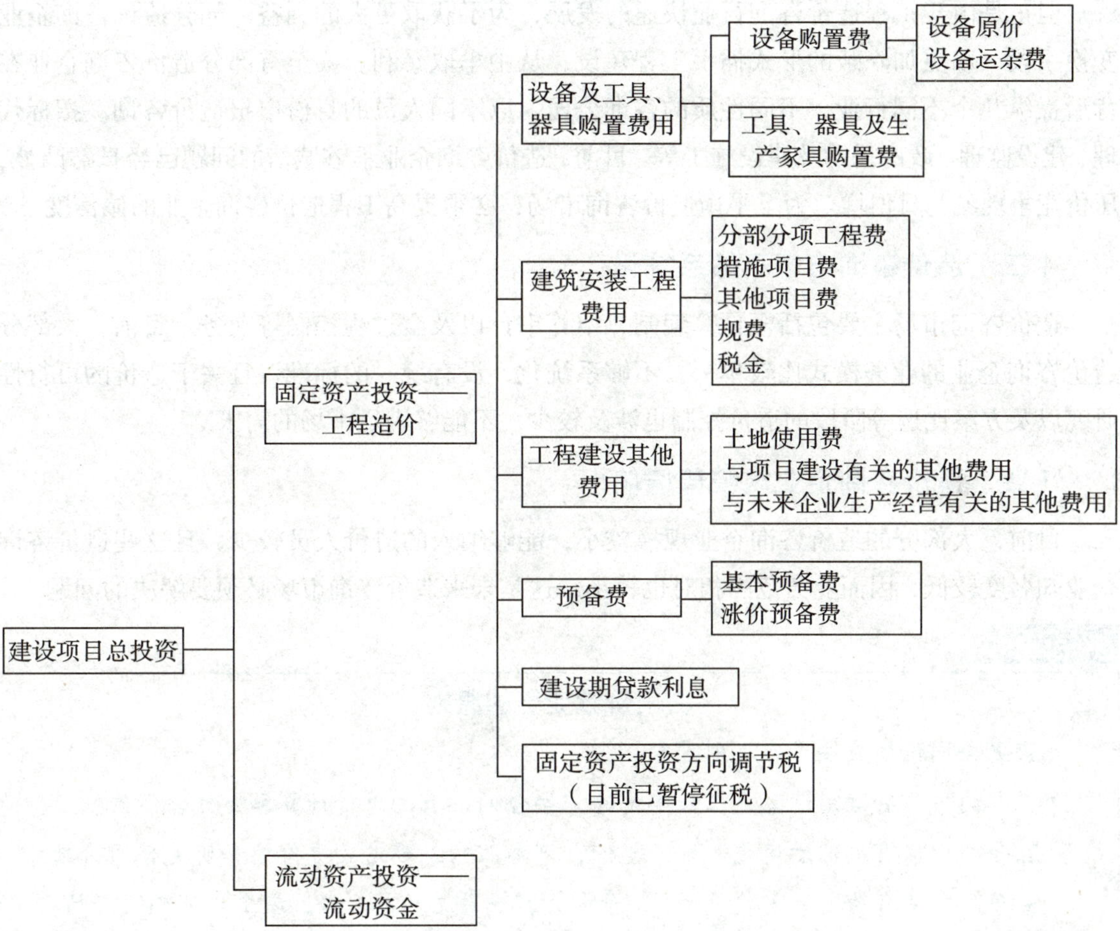

图 1–10　我国现行工程造价的构成

二、行业状况

随着知识经济的高速发展，造价体制改革也得到了深化。目前工程造价行业主要存在以下几个问题。

（一）工程造价监督管理水平尚需改进

当今建筑装饰行业飞速发展，工程造价系统需要紧随时代的步伐，向统一标准、统一程序进发；同时应当尽可能地、分层次地共享工程造价信息，以便更好地对建筑装饰工程的概预算信息进行适当的分析、整理和利用，以满足建设市场的需要。

（二）工程造价咨询市场诚信度尚需提高

工程造价咨询行业是当今社会经济发展中必不可少的中介服务行业，通过造价咨询以及客观、公正、公平的编审造价，建设各方依法维护了自身的合法权益，工程造价咨询在确保国家利益、社会公共利益和投资者利益不受损害等方面发挥了重要作用。

但正是由于工程造价咨询行业快速的发展，为了获取更大的利益，部分造价咨询企业变换手段，以更加隐蔽的形式插手工程建设，从中牟取暴利。甚至有部分造价咨询企业在背后操纵几个不同行业、不同性质的咨询公司，以不同人员的身份申报造价咨询、招标代理、建设监理、政府采购及建设施工等。目前，造价咨询企业不够诚信的问题已经日益凸显，压价竞争现象与日俱增。为了平衡造价咨询市场，必须提高工程造价咨询企业的诚信度。

（三）造价咨询市场不够系统化

造价咨询市场主要包括概预算编制、结算审计以及全过程控制等业务。目前，大部分造价咨询企业的业务模式比较单一，不够系统化，没有统一的标准，且关于造价的可行性研究以及方案比选等阶段的造价控制也涉及较少，不能够满足市场的需求。

（四）造价咨询企业规模普遍偏小

目前，大部分的造价咨询企业规模较小，能够纳入的造价人员较少，且这些造价咨询企业知名度较低，因而业务范围相对也较小，这是未来造价咨询市场必须要解决的问题。

拓展阅读

合同价款变更的原则

变更合同价款应按下列原则进行。

1. 合同中已有适用于变更工程单价的，按合同已有的单价计算和变更合同价款。
2. 合同中只有类似于变更工程的单价，可参照它来确定变更价格和变更合同价款。
3. 合同中没有约定上述单价时，由承包方提出相应价格，经监理工程师确认后执行。

（五）工程造价咨询行业信息化程度弱

工程造价咨询行业的信息化程度体现在咨询企业规划发展、造价软件开发与使用、咨询质量及咨询时效等诸多方面。工程造价咨询信息化程度越高、咨询速度越快、造价咨询业务的发展也越快。为了更好地发展建筑装饰行业，必须尽快建立信息数据库，造价咨询企业应积极建立造价咨询工具库、造价咨询方法库以及人力资源信息库，并积极促进咨询过程信息化，这样才能大大提升企业的咨询服务能力、效率和质量。

（六）造价咨询行业人员不能满足市场需求

目前的造价咨询人员多为年轻职工，经验不足，业务水平还有待提高。且目前造价咨询人员的数量较少，职工的薪资与劳动时间和劳动强度不成正比，多数造价咨询人员流动比较频繁。在造价工程师队伍中以大中专生为主，人员队伍学历分布与行业发展和人才需求不对等，综合型人才比较匮乏。

三、发展前景

随着建筑装饰行业的飞速发展，工程造价也变得越来越重要，因此，其就业前景十分不错。工程造价专业考试的通过率比较低，一般有三种单位聘用造价人员，即造价咨询公司，施工单位（乙方），开发商或某工厂、某医院的基建处（甲方）。通过工程造价专业考试后就业范围比较广，优质的工程造价人员薪资也相对较高。

任务五　相关专业考级指南

任务描述

小王在建筑装饰工程公司工作了几年，想要提升自己的职业竞争力。他听说可以通过考取相关专业证书来实现，可面对造价工程师、建筑工程预算员等多种考级选择，他不知道该考哪个，也不了解每个考级的具体要求。比如，不知道自己的条件是否符合报考标准，不同证书对职业发展的帮助有何不同。接下来，一起了解相关专业考级的情况，帮小王做出合适的选择。

任务分析

小王面临的考级选择难题，是很多从业者都会遇到的。需要了解造价工程师、建筑工程预算员等不同考级的报考条件、考试内容以及对职业发展的影响，才能根据自身情况，像小王一样做出正确的选择，助力自己的职业发展。

任务实施

一、造价工程师

这里主要介绍工程造价专业的具体考级情况。

（一）造价工程师概述

造价工程师是指通过全国造价工程师执业资格统一考试或者资格认定、资格互认，并取得中华人民共和国造价工程师执业资格，按照《注册造价工程师管理办法》注册，取得中华人民共和国造价工程师注册执业证书和执业印章，从事工程造价活动的专业人员（图 1–11）。

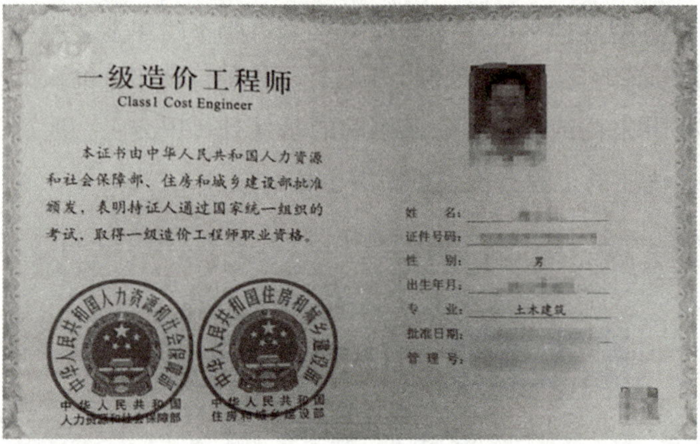

图 1–11　造价工程师证书

（二）造价工程师考级（图 1–12）

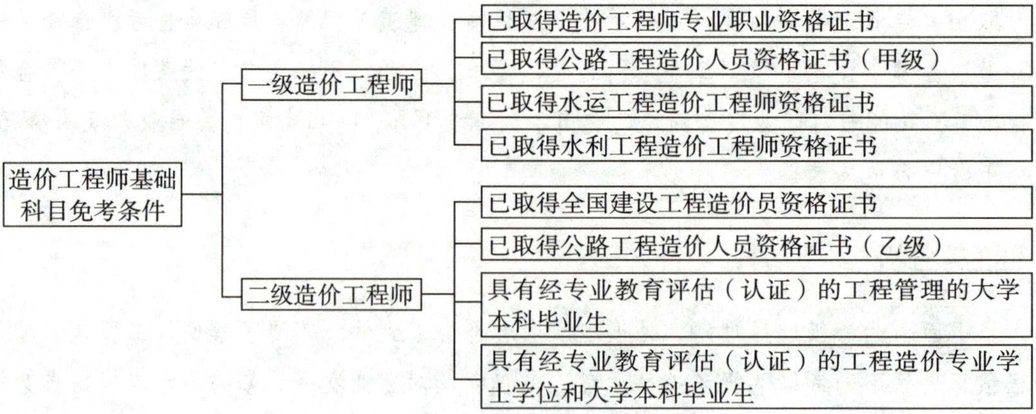

图 1–12　造价工程师基础科目免考条件

1. 一级造价工程师

目前，遵守中华人民共和国宪法、法律、法规，且具有良好的业务素质和道德品行，并满足以下几项任一条件的均可参加一级造价工程师的执业资格考试。

（1）具有工程造价专业大学专科或高等职业教育学历，且从事工程造价业务工作满4年的，可参加一级造价工程师执业资格考试。

（2）具有土木建筑、水利、装备制造、交通运输、电子信息、财经商贸大类大学专科或高等职业教育学历，且有5年工程造价业务工作经验的，可参加一级造价工程师执业资格考试。

（3）具有工程教育专业评估或认证的工程管理、工程造价专业大学本科学历或学位，从事工程造价业务工作满3年的，可参加一级造价工程师执业资格考试。

（4）具有工学、管理学、经济学门类大学本科学历或学位，且有4年工程造价业务工作经验的，可参加一级造价工程师执业资格考试。

（5）具有工学、管理学、经济学门类硕士学位或者第二学士学位，从事工程造价业务工作满2年的，可参加一级造价工程师执业资格考试。

（6）具有工学、管理学、经济学门类博士学位。

（7）具有其他专业相应学历或者学位的人员，则从事工程造价业务工作年限相应增加1年。

2. 二级造价工程师

目前，遵守中华人民共和国宪法、法律、法规，且具有良好的业务素质和道德品行，并满足以下几项任一条件的均可参加二级造价工程师的执业资格考试。

（1）具有工程造价专业大学专科或高等职业教育学历，从事工程造价业务工作满1年的，可参加二级造价工程师执业资格考试。

（2）具有土木建筑、水利、装备制造、交通运输、电子信息、财经商贸大类大学专科或高等职业教育学历，从事工程造价业务工作满2年的，可参加二级造价工程师执业资格考试。

（3）具有工程管理、工程造价专业大学本科及以上学历或学位。

（4）具有工学、管理学、经济学门类大学本科及以上学历或学位，从事工程造价业务工作满1年的，可参加二级造价工程师执业资格考试。

（5）具有其他专业相应学历或学位的人员，则从事工程造价业务工作年限相应增加1年。

二、建筑工程预算员

建筑工程预算员主要从事工程经济管理、控制项目成本以及对建筑产品进行议价等工作。目前，从事该职业的人员较少，建筑工程预算员的月薪在6 500～7 500元。

（一）技能要求

一名优秀的建筑工程预算员需具备以下职业素质和技能要求。

（1）大专以上学历、土木工程及其相关专业毕业并持有预算员的上岗证。

（2）熟练掌握建筑识图知识，并能将建筑结构和房屋构造的基本知识熟记于心。

（3）熟练掌握建筑装饰施工工序及施工方法，牢记建筑装饰工程质量标准和安全技术知识。

（4）熟练掌握常用建筑材料、构配件以及制品的特点和安装方法，并能熟练操作常用的机械设备。

（5）熟悉建筑装饰工程中的各项定额，并能充分了解人工费、材料预算价格和机械台班费的组成及取费标准的组成。

（6）有一定的电子计算机应用基础，能用电子计算机来编制施工预算，同时还要求熟练掌握工程量计算规则和工程量计算技巧。

（7）了解建筑经济法规，熟悉建筑装饰工程合同的各项条文，能参与招标、投标和合同谈判等。

（二）建筑工程预算员考级

1. 考试时间

建筑工程预算员考试时间在每年的4月和10月，一般会在4月或10月的第3个星期六、星期天进行考试，但要注意报名时间需提前3个月，具体可咨询当地建设局科教科。

2. 报考条件

凡遵守国家法律、法规，恪守职业道德，从事工程造价工作，年龄不超过60周岁并具备下列条件之一者，经所在单位或学校同意，均可报名参加考试。

（1）工程造价专业：中专及以上学历；

（2）在校大专以上相关专业并就读3年以上的学生；

（3）其他专业：中专及以上学历，工作满1年。

拓展阅读

建筑工程预算员的具体工作

1. 二算管理。即做好设计预算和施工预算管理，做好具体的编制工作及对比工作，对收到设计变更、技术核定单、资料等进行增减预算编制。

2. 发包合同控制。即对劳务和专业承包进行合同策划、起草并发起相应的合同审批流程，同时对发包合同的履约情况进行评价。

3. 索赔管理。当业主不履行或未能正确履行合同约定的义务造成建筑方损失时，建筑方可向业主提出赔偿要求，建筑工程预算员在此时负责起草索赔文件。

4. 工程结算。根据竣工资料编制项目工程结算书，以便能更准确地确定建筑装饰工程的最终造价。

三、造价员

造价员也指概预算人员，指通过造价员资格考试，取得全国建设工程造价员资格证书，并已经登记注册，取得从业印章，专门从事工程造价活动的职业人员。造价员证书一般每4年审核一次，每次审核都要参加继续教育。

一名优秀的造价员要求专业过关，熟悉建筑装饰工程的相关图纸，对现行的价目表、综合及各种定额、建材的价格必须了解，且对建筑装饰工程量的计算公式、工程的结构做法、隐蔽工程、变更等能熟悉运用。此外，造价员还需能分析建筑装饰工程的材料，并能与甲方、监理、审计等部门进行沟通，对工程材料的计算也能轻车熟路，对定额中的子目、套项也要十分熟悉。

拓展阅读

造价工程师与造价员的区别

1. 资质有差异。造价工程师与造价员相比资质级别更高，初级造价员只能编制不能审核，目前也只能进行造价在1 500万元以下的建筑装饰工程的编制；而中级造价员可以进行造价在5 000万元以下的建筑装饰工程的编制、审核和控制；高级造价员则可以和造价工程师一样，对各种类型的工程造价进行编制、审核和控制。

2. 资质使用范围有差异。造价工程师的资质在全国范围内通用，而造价员则受区域限制。

项目小结

本项目首先学习了建筑装饰工程的基本概念，包括装饰装修的含义、作用以及工程预算的定义，同时介绍了建设项目的概念、分类、组成和基本建设程序；其次深入探讨了建筑装饰工程概预算相关内容，如概预算造价构成、概算指标、计价方式和文件组成；再次讲解了概预算审查的意义、原则和方法；最后阐述了工程造价专业的发展、行业状况、就业前景以及相关专业考级要求。通过本项目的学习，读者能够全面了解建筑装饰工程概预算的基础知识，掌握概预算的基本构成和审查要点，熟悉相关专业的发展趋势和职业要求，为后续深入学习和实践打下坚实的基础。

项 目 工 单

一、实训准备

收集一份某小型建筑装饰工程的设计图纸、招标文件以及当地的建筑装饰工程概预算定额资料。准备相关计算工具，如计算器、计算机，并安装好工程造价计算软件。同时，组织学生分组，每组配备一套相关资料和计算工具。

二、实训内容

依据给定的设计图纸和招标文件，各小组按照所学的建筑装饰工程概预算知识，计算该工程的预算造价。具体包括确定工程量计算项目，套用定额或单位估价计算直接费，计算其他各项费用，如间接费、利润、税金等，最后汇总得出总预算造价。完成后，各小组提交预算造价报告，并对计算过程和结果进行讲解和分析，相互交流学习。

三、分组讨论

以 3 ～ 5 人为一组，选出组长并进行任务分工，将小组成员及分工情况填入表 1–1 中。

表 1–1　小组成员及分工情况

班级：　　　　　　　　　组号：　　　　　　　　　指导教师：

小组成员	姓名	学号	任务分工
组长			
组员			

四、实施过程

按实际操作过程，将实施内容、遇到的问题及解决办法等记录于表 1–2 中。

表 1–2　工作实施过程记录表

序号	实施内容	遇到的问题及解决办法	结果

五、任务评价

各组展示任务完成情况，并完成考核评价表，见表 1–3。

表 1-3　考核评价表

<table>
<tr><th rowspan="2">项目名称</th><th rowspan="2">评价内容</th><th rowspan="2">满分 / 分</th><th colspan="3">评分 / 分</th></tr>
<tr><th>自评</th><th>互评</th><th>师评</th></tr>
<tr><td rowspan="3">职业素养考核项目</td><td>考勤、纪律意识</td><td>10</td><td></td><td></td><td></td></tr>
<tr><td>团队交流与合作意识</td><td>10</td><td></td><td></td><td></td></tr>
<tr><td>参与主动性</td><td>10</td><td></td><td></td><td></td></tr>
<tr><td rowspan="5">专业能力考核项目</td><td>积极参与教学活动并正确理解任务要求</td><td>10</td><td></td><td></td><td></td></tr>
<tr><td>认真查找与任务相关的资料</td><td>10</td><td></td><td></td><td></td></tr>
<tr><td>任务实施过程记录表的完成度</td><td>10</td><td></td><td></td><td></td></tr>
<tr><td>对建筑装饰工程概预算基础的了解程度</td><td>20</td><td></td><td></td><td></td></tr>
<tr><td>独立完成相应任务的程度</td><td>20</td><td></td><td></td><td></td></tr>
<tr><td colspan="2">合计</td><td>100</td><td></td><td></td><td></td></tr>
<tr><td>总评</td><td>自评（20%）+ 互评（20%）+ 师评（60%）=</td><td>综合等级</td><td colspan="3">指导教师（签名）：</td></tr>
</table>

课 后 练 习

一、选择题

1. 建筑装饰工程的作用不包括以下哪一项？（　　）

A. 美化建筑物

B. 增加建筑物自重

C. 保护建筑物主体

D. 强化建筑物的空间序列

2. 下列属于建设项目按投资作用分类的是（　　）。

A. 基本建设项目

B. 生产性建设项目

C. 大型项目

D. 新建项目

3. 建筑装饰工程概预算审查的方法不包括（　　）。

A. 逐项审查法

B. 抽样审查法

C. 重点审查法

D. 经验指标审查法

二、填空题

1. 建筑装饰工程预算按照设计项目规模的不同可以分为单位工程预算、单项工程综合预算以及________。

2. 建筑装饰工程概预算造价由直接工程费、间接费、利润以及________组成。

3. 建设项目的基本建设程序包括项目建议书阶段、可行性研究阶段、编制设计任务书阶段、项目选址、设计文件的编制、施工准备、项目实施阶段、生产准备、竣工验收交付使用以及________。

三、简答题

1. 简述建筑装饰工程预算的作用。

2. 简述建筑装饰工程概预算审查的意义。

项 目 二

工程计价基础依据解读

项目导读

在建筑工程领域，准确计算和有效控制工程造价是项目成功的关键因素之一。而这一切都离不开可靠的工程计价依据。工程计价依据如同建筑的基石，支撑着整个造价管理体系。本项目将深入剖析工程计价依据的基本概念、内容、特征和作用，带你探索建设工程定额的奥秘，了解其分类、原理及制定方法，让你掌握工程造价管理的核心基础，为后续的造价计算和控制工作筑牢根基。

学习目标

知识目标

1. 理解工程计价依据的概念、内容、特征和作用。
2. 掌握建设工程定额的分类、原理及制定方法。

能力目标

1. 能够准确辨别不同类型的工程计价依据。
2. 熟练运用定额原理分析工程问题。
3. 掌握定额制定方法进行简单计算。

素质目标

1. 提高逻辑思维能力。
2. 培养科学严谨的工作态度。
3. 增强对行业规范的认同感。

思政目标

培养学生尊重科学、遵循规范的意识，引导学生在工程计价工作中坚守原则，确保造价合理、公正。

任务一 工程计价依据概述

任务描述

某建筑公司承接了一个住宅建设项目，在计算工程造价时，造价师们发现依据不同的资料算出的结果差异很大。有的依据旧定额，有的参考新的市场价格信息，还有的依据不同地区的标准，大家各执一词。项目经理十分头疼，不知道该以什么为准确依据。这就像在迷雾中寻找方向，那么工程计价的依据到底是什么呢？

任务分析

该案例中建筑公司因工程计价依据不统一而产生分歧，反映出工程计价依据的复杂性和重要性。需要学习工程计价依据的基本概念、涵盖内容、具备的特征及其发挥的作用，从而明确在实际造价计算中如何选择和运用正确依据，才能解决像案例中的争议。

任务实施

从前面介绍的工程造价管理的基本理论和工程造价的费用组成内容可以看出，要准确计算和有效控制工程造价就必须掌握大量翔实可靠的造价管理资料，即必须掌握生产和生产消费之间的客观规律。一般情况下，生产力发展水平越高，生产消费的性质就越复杂，生产产品的数量就越多，而花在单位产品上的人力和物力耗费则会呈现出一种下降的趋势。这种工程建设与生产消费之间的客观规律就表现为工程计价的基本依据，主要包括工程建设定额、工程造价指数和工程造价资料等，其核心是工程建设定额。

一、基本概念

工程计价的基本依据（或工程造价的计价依据），狭义上是指用于计算工程造价的基础资料的总称，广义上是指从事建设工程造价管理所需各类基础资料的总称，也可称为建设工程造价管理的基础资料。计价依据反映的是一定时期的社会生产水平，它是建设管理科学化的产物，也是进行工程造价科学管理的基础，其主要包括建设工程定额、工程造价指数和工程造价资料等内容，其中建设工程定额是工程计价的核心依据。

二、基本内容

（一）建设工程定额

建设工程定额是工程造价计算的基本依据，各类建设工程定额之间相互联系、相互制约，形成了一个完整的建设工程定额体系。为适应社会主义市场经济体制，搞好工程造价管理工作，必须逐步建立起规范、有序的建设工程定额体系，并对其实行科学化的管理。

按照定额的通用程度、适用范围，以及适应工程项目决策和实施各阶段计价的不同需要，整个定额体系划分成基础定额、预算定额、概算定额、估算指标四个类型。

1. 基础定额

人工、机械、材料是最基本的生产要素，各类生产定额都是以人工、机械、材料消耗定额为基础的，所以一般也称为计量定额。基础定额是研究人工、机械、材料的投入和建筑安装工程产品的产出之间关系的一类定额，包括人工消耗定额、机械台班消耗定额和材料消耗定额三个组成部分。

2. 预算定额

预算定额是一类使用面最广的计价定额，它是计算工程预算造价、编制招标控制价和投标报价以及进行工程结算的重要依据。

3. 概算定额

概算定额一般是指在初步设计或技术设计阶段编制设计概算或修正概算时所使用的一种计价依据。

4. 估算指标

估算指标一般是指在项目建议书和可行性研究阶段编制投资估算时所使用的一类计价依据。

（二）工程造价指数

工程造价指数是反映不同时期工程造价的相对变化趋势和程度的指标，它是研究工程造价动态变化的重要工具，也是进行工程造价的动态管理的重要依据。

（三）工程造价资料

工程造价资料是各类具有代表性、使用价值的工程预算资料、招投标价格资料和结算资料，以及有关新材料、新结构、新设备、新工艺等分部分项工程等的价格资料。

三、基本特征

（一）科学性和权威性

计价依据的科学性主要表现在用科学的态度和方法，揭示出工程实践过程中投入和产出关系中资源消耗数量的客观规律。计价依据的制定有其科学理论基础和科学技术方法，必须符合国家的有关法律、法规和技术标准，反映一定时期各地生产力发展的水平，充分考虑相关企业生产技术和管理的条件，并充分利用现代管理科学的理论、方法和手段，通过严密的测定、统计和分析整理进行编制。

计价依据的权威性主要是指定额等计价依据是由国家或授权部门通过一定程序审批颁

发的、在一定范围内有效的建设生产消费指标，它是一种具有经济法规性质的规定，所以具有很强的权威性，凡是属于执行范围内的建设、设计、监理、施工等单位，都必须严格遵照执行。

（二）统一性和调控性

计价依据的统一性按照计价依据的执行范围可以划分为全国统一、行业统一和地方统一等，在编制和使用的过程中，必须注意其制定、颁发和执行的原则、程序和要求等。

计价依据的调控性是指各级政府部门通过相应计价依据的制定和执行实现对工程造价的宏观调控。但必须注意各类计价依据的颁布不能侵害企业定价的自主权，要避免参与企业微观经济的运行，应注重颁发计价依据的宏观调控性。

（三）系统性和群众性

计价依据的系统性是指计价依据之间相互作用、相互联系形成了一个完整的系统。如上述的建设工程定额体系就是由不同层次的多种定额组合而成的一个有机整体。

计价依据的群众性是指对于计价依据的制定和执行都离不开广大劳动群众。一方面对于计价依据的编制要依靠专业技术管理人员主持、技术熟练工人和工程技术人员广泛参与，只有这样才可能制定出科学合理的计价依据；另一方面计价依据的执行必须依靠广大群众的支持和协助，只有这样才能被广大群众所接受、理解和使用。

（四）稳定性和时效性

计价依据反映了一定时期内的社会生产力水平。一方面，计价依据代表着这一时期的技术和管理水平，具有相对的稳定性；另一方面，随着生产力水平的发展，计价依据的内容和水平也在不断修改、调整和更新，即计价依据具有一定的时效性。

四、主要作用

定额等计价依据是确定和控制工程造价的基础资料，也是从事建设工程生产管理的基础。其依照不同的建设管理主体、在不同的工程建设阶段、针对不同的管理对象具有不同的作用，一般具有以下几方面的作用。

（1）计价依据是编制计划的基本依据；

（2）计价依据是确定工程造价的依据；

（3）计价依据是衡量技术方案和劳动生产率的尺度；

（4）计价依据是贯彻按劳分配原则的依据；

（5）计价依据是企业实行经济核算的依据；

（6）计价依据有利于建筑市场的良好发育。

拓展阅读

不同情况下的工程结算

1. 按日计算的工程项目费用应当按照发包人实际签证的数量和确定的事项进行结算。

2. 专业的建筑装饰工程结算费用应该按照中标价或发包人、承包人与分包人最终确认的分包工程价进行结算；总承包服务费用则要依据合同约定的结算方式进行结算；工程暂列的金额应当依据合同约定计算实际发生的费用，并将其分别列入相应的分部分项工程费、措施项目费中。

3. 建筑装饰工程的招标工程量清单漏项、设计变更以及工程洽商等费用，应当依据施工图纸以及发、承包双方签证资料确认的数量和合同约定的计价方式来进行结算，其费用应当列入相应的分部分项工程费或措施项目费中。

4. 建筑装饰工程的索赔费用应当按照发、承包双方确认的索赔事项和合同约定的计价方式进行结算，其费用应当列入相应的分部分项工程费或措施项目费中。

5. 建筑装饰工程结算中的规费和税金应当按照国家、省级或行业建设主管部门的规费规定来计算。

任务二 建设工程定额原理剖析

任务描述

在一个建筑工地上，新入职的施工员小赵发现，不同师傅完成同样的工作，其耗费的时间和材料却不一样。老陈师傅干活又快又省料，而新手小李不仅效率低还浪费材料。工长解释说这和定额有关，但小赵不太理解。为什么会有这样的差异呢？定额又是怎么来的呢？下面通过深入学习建设工程定额原理来寻找答案。

任务分析

小赵遇到的现象表明，施工现场工作效率和材料消耗存在差异，而这与定额紧密相关。通过学习定额的基本概念、产生和发展历程、分类方式以及制定方法，了解其背后的原理，这样就能明白为什么会出现师傅之间存在工作差异的情况，以及定额在工程建设中的重要意义。

任务实施

一、基本概念

广义上，定额是一种规定的额度，它是人们根据各种不同的需要，对某一事物规定的数量标准。

定额一般可以划分为生产性定额和非生产性定额两大类，其中生产性定额主要是指在一定生产力水平条件下，完成单位合格产品所必需消耗的人工、材料、机械及资金的数量标准，它反映了在一定的社会生产力水平条件下的产品生产和生产消费之间的数量关系。

建设工程定额是指在正常的施工条件和合理劳动组织、合理使用材料及机械的条件下，完成单位合格产品所必需消耗资源的数量标准，其中资料主要包括在建设生产过程中所投入的人工、机械、材料和资金等生产要素。

二、定额的产生和发展

定额的产生和发展与管理科学的产生与发展有着密切的关系。虽然在古代已有了定额萌芽和需求，但当时还不存在产生定额的客观基础，所以也不存在对定额的科学认识。真正意义上的定额是以高度发展的科学技术和生产的高度社会化为其主要特征的，这时定额作为科学管理的一个重要工具就不断发展起来。

定额和企业管理成为科学是从泰罗制开始的，它的创始人是美国工程师泰罗（F.W.Taylor，1856—1915 年）。泰罗制的核心内容包括两方面：第一，科学的工时定额；第二，工时定额与有差别的计件工资制度相结合。泰罗制的产生和推行，在提高劳动生产率方面取得了显著的效果，也给资本主义企业管理带来了根本性的改革和深远的影响。定额伴随着管理科学的产生而产生，伴随着管理科学的发展而发展。定额是管理科学的基础，它在西方企业的现代化管理中一直占有重要地位。

20 世纪 40 年代产生的管理科学一方面应用了现代自然科学和技术科学的新成果，将各种先进的科学技术手段应用于管理之中；另一方面又从过去重视操作方法、作业水平等的研究向科学组织的研究上扩展。与此同时出现的行为科学，又从社会学和心理学的角度，对工人在生产中的行为和这些行为产生的原因进行了分析研究，强调重视社会环境、人际关系对人的行为的影响，其中的工时学和方法研究等成为制定定额的重要理论依据。20 世纪 70 年代产生的系统理论将管理科学和行为科学结合起来，从事物的整体角度进行研究，以实现管理的最优，其为定额理论提供了更广阔的发展空间。以上各种管理理论是制定定额的重要理论基础，并且随着现代自然科学、管理科学和技术科学在定额理论中的广泛应用，定额将会随着时代的发展为经济管理做出更大的贡献。

三、建设工程定额的分类

工程建设产品的内容广泛、构造复杂、种类繁多等技术经济特点决定了工程建设定额的多种类、多层次性。

工程建设定额的各种分类方法是由定额运用的客观实践需要所决定的。因此，定额种类的划分十分多样，以下介绍几种常用的分类方法。

（一）按照生产要素分类

任何工农业产品的生产都离不开生产要素，生产要素包括劳动者、劳动手段和劳动对象，反映其消耗的定额分为劳动消耗定额、机械消耗定额和材料消耗定额三种。

1. 劳动消耗定额（简称劳动定额）

劳动消耗定额是指完成单位合格产品（工程实体或劳务）所规定的劳动消耗的数量标准，包括时间定额和产量定额两种表现形式。

2. 机械消耗定额（简称机械定额）

机械消耗定额是指完成单位合格产品（工程实体或劳务）所规定的施工机械消耗的数量标准，包括时间定额和产量定额两种表现形式。

3. 材料消耗定额（简称材料定额）

材料消耗定额是指完成单位合格产品所必需消耗的各类材料的数量标准。

（二）按照编制程序和用途分类

1. 施工定额

施工定额是组织施工生产和编制预算定额的基本依据，是以同一性质的施工过程为标定对象编制的计量性定额。施工定额是建筑企业内部使用的生产定额，主要用于编制施工作业计划、施工预算、施工组织设计，签发施工任务单与限额领料单，考核劳动生产率和进行成本核算等，是施工企业内部定额管理的核心内容。

2. 预算定额

预算定额是编制概算定额和估算指标的基本依据，是以各分部分项工程为标定对象编制的计价性定额，是为监督和调控工程造价，由政府工程造价主管部门综合考虑施工企业的整体情况，以施工定额为基础组织编制的。它主要用于编制工程价格文件、施工组织设计、投资计划、成本计划、财务计划，是进行工程变更、工程索赔、竣工结算和有关技术经济分析的基础。它是我国目前使用最普遍和最重要的一类定额，也是本门课程学习的核心。

3. 概算定额

概算定额是在预算定额基础上的综合和扩大，是以扩大结构构件、分部工程或扩大分项工程为标定对象编制的计价性定额。它主要用于编制设计概算，进行设计方案技术经济比较分析，也可作为确定劳动力、材料、机械台班需要量的简略依据。

4. 估算指标

（投资）估算指标是比概算定额更为综合、扩大的指标，是以整个房屋或构筑物为标定对象编制的计价性定额。它是在各类实际工程的概预算和结算资料的基础上通过技术分析和统计分析编制而成的，主要用于编制投资估算和设计概算，进行投资方案和设计方案的技术经济分析，考核建设成本。

（三）按照管理权限和适用范围分类

工程建设定额可划分为全国统一定额、行业统一定额、地区统一定额、企业定额和补充定额五种。

1. 全国统一定额

全国统一定额是指由国家建设行政主管部门制定发布，在全国范围内执行的定额，如全国统一建筑工程基础定额、全国统一安装工程预算定额等。

2. 行业统一定额

行业统一定额是指由国务院行业行政主管部门制定发布，一般只在本行业和相同专业性质的范围内使用的定额。这种定额往往是为专业性较强的工业建筑安装工程制定的，如冶金工程定额、水利工程定额、铁路或公路工程定额等。

3. 地区统一定额

地区统一定额是指由省、自治区、直辖市建设行政主管部门制定颁布，只在规定的地区范围内使用的定额。它一般是考虑各地区不同的气候条件、资源条件和交通运输条件而编制，如《某省房屋建筑与装饰工程综合定额》《某省通用安装工程综合定额》等。

4. 企业定额

企业定额是指由施工企业根据自身的具体情况（包括企业的管理水平、技术水平和机械装备能力等）制定颁布，只在企业内部使用的定额。企业定额是企业从事生产经营活动的重要依据，也是企业不断提高生产管理水平和市场竞争能力的重要标志，其水平一般应高于国家和地区的现行定额。

5. 补充定额

补充定额是指随着设计形式的变化和施工生产技术的发展，在现行定额不能满足实际需要的情况下，有关部门为了补充现行定额中变化和缺项部分而进行修改、调整和补充制定的定额。

（四）按照专业分类

工程建设定额一般可划分为建筑工程定额、安装工程定额、公路工程定额、铁路工程定额、市政工程定额、园林绿化工程定额等多种专业定额类别。

其中建筑工程定额是工程建设定额的重要组成部分，其主要是指建筑施工企业从事建筑工程施工生产活动的人工、机械、材料的消耗数量和费用标准等。

（五）按照费用分类

建设工程造价一般包括建筑安装工程费用、工器具和生产家具的购置费用、工程建设的其他费用、预备费用等。工程建设定额与之对应，按照工程费用的构成可划分为直接费定额、其他直接费定额、现场经费定额、间接费定额、工器具定额、工程建设其他费用定额等。

四、定额制定的基本方法

定额制定是一项十分严肃的工作，定额数据必须反映客观的真实情况，应用科学方法进行分析和整理，绝不能粗估和臆造。

首先，必须选择科学的方法对工程实践进行观察、记录、整理、分析，从而为制定建筑工程定额提供可靠依据。人工和机械消耗定额主要采用计时观察法、统计分析法、经验估计法和比较类推法等进行编制。材料消耗定额主要采用观测试验法、统计分析法、比较类推法和理论计算法等进行编制。

（一）技术测定法

技术测定法是根据现场测试所获得的有关数据资料制定定额的方法，它选择具有平均先进技术水平和施工条件的典型施工过程，通过观察和实测来记录人、材、物和时间等方面的实际消耗，然后通过整理计算制定出定额。这种方法具有充分的科学依据，准确程度较高，但测定的方法和技术较复杂，工作量大。

（二）计时观察法

计时观察法是研究工作时间消耗的一种技术测定方法。计时观察法的种类很多，其中最主要的有三种：测时法、写实记录法和工作日写实法。

（三）观测试验法

观测试验法是研究材料消耗的一种技术测定方法，可划分为观测法和试验法两类。其主要是通过对施工过程中材料消耗的观察，在试验室内进行模拟试验制定定额。

（四）统计分析法

统计分析法是根据记录统计资料，利用统计学原理进行科学研究后确定定额的一种方法。其可用于人工、机械和材料消耗定额的编制，符合实际，适用面广，准确性高，但在统计中应特别注意原始资料的真实性、系统性和完整性，确保定额的编制质量。

（五）经验估计法

经验估计法是根据具有丰富经验的工人和工程技术人员的实践经验，经现场观测并结合有关的技术资料进行分析、估计，制定定额的方法。这种方法简便易行，工作量小、速度快，但受人为因素影响较多，科学性、准确性较差。

（六）比较类推法

比较类推法是借助已精确测定好的典型项目的定额，类推出同类中相邻项目定额的方法，也可称为典型定额法。这种方法简便易行，但所选典型定额必须准确并具有代表性。

（七）理论计算法

理论计算法是根据施工图纸和有关技术资料直接计算材料消耗量来确定定额的方法。这种方法主要用于计算块状、板状和卷筒状产品的材料净用量。

任务三 建筑工程施工定额详解

任务描述

小张的建筑公司承接了一个小型项目，在施工过程中，他发现部分工人工作效率低下，材料浪费严重。他想制定一些标准来规范施工、提高效率、降低成本，但却不知道从何下手。他听说施工定额可以解决这些问题。那么施工定额到底是什么？它又该如何发挥作用呢？

任务分析

小张所在公司施工中出现的效率和成本问题，凸显了规范施工标准的重要性。通过学习施工定额的概念、内容，掌握其在施工组织、成本控制等方面的作用，从而制定出合理的施工标准、提高施工效率、降低成本，可帮助小张解决公司所面临的问题。

任务实施

一、基本概念

施工定额是建筑企业用于工程施工管理的定额，是建筑安装工人合理的劳动组织或工人小组在正常施工条件下，为完成单位合格产品所需劳动、机械、材料消耗的数量标准。它是根据专业施工的作业对象和工艺制定，并按照一定程序颁发执行的。

施工定额在工程建设定额体系中处于最基础地位。施工定额和生产结合最紧密，它直接反映生产技术水平和管理水平，而其他各类定额则是在较高层次上，较大程度反映社会生产力水平。尽管这些定额有更大的综合性和覆盖面，但它们都不能脱离施工定额所直接反映的生产技术水平和管理水平。施工定额管理是施工企业的基础性工作，施工定额应反映施工企业实际的施工水平、装备水平和管理水平，作为考核建筑安装企业劳动生产率水平、管理水平的标尺和确定工程成本、投标报价的依据。

施工定额是建筑安装企业进行科学管理的基础，组织和指挥生产的有效工具；是施工企业编制施工预算，进行工料分析和“两算对比”的依据；是施工企业编制施工组织设计、施工作业设计和确定资源需要量计划的依据；是施工企业向班组签发施工任务单和限额领料单的依据；是施工企业计算工人劳动报酬、实行内部经济核算以及成本管理的依据；是施工企业推广先进技术的必要手段和编制预算定额的基础资料。

二、施工定额的内容

扫一扫

施工定额

施工定额由劳动定额、机械台班定额和材料消耗定额三部分组成。

（一）劳动定额

劳动定额，也称人工定额或技术定额，它是指在正常的施工技术、生产组织条件下和平均先进水平的基础上，完成单位合格建筑产品所需的必要的劳动消耗量的标准。

劳动定额在施工企业的生产组织中具有十分重要的作用，所以在施工定额中，劳动定额一般是作为一个单独的部分而独立存在的。

（二）机械台班定额

机械台班定额是指在先进合理的劳动组织和生产组织条件下，由熟悉机械性能、技术熟练的工人或工人小组管理（操纵）机械时，该机械在单位时间内的生产效率。高质量的施工机械定额，是合理组织机械化施工，有效地利用施工机械，进一步提高机械生产效率的必备条件。机械台班定额也可划分为时间定额和产量定额两种形式。

1. 时间定额

时间定额是指在先进合理的劳动组织和生产组织条件下，生产质量合格的单位产品所需消耗的机械工作时间。

2. 产量定额

产量定额是指在先进合理的劳动组织和生产组织条件下，机械在单位时间内所应完成的合格产品的数量。

（三）材料消耗定额

材料消耗定额是指在先进合理的施工条件下，节约和合理地使用材料时，生产质量合格的单位产品所消耗的某种一定规格的建筑材料、成品、半成品，以及水、电等资源的数量。材料一般按照是否构成工程实体划分为非周转性材料（直接性材料）和周转性材料（间接性材料）两大类。

1. 非周转性材料

非周转性材料是指在建筑工程施工中，一次性消耗并直接构成工程实体的材料，如砖、水泥、钢筋等。

2. 周转性材料

周转性材料是指在建筑工程中能多次使用、反复周转的工具性材料，如模板、脚手架、挡土板等，它的消耗不直接构成工程实体，但又是施工所必须使用的材料。它按照摊销量进行计算。摊销量是指完成定额计量单位产品所必需的实际消耗的数量，即分摊到每一定额计量单位的分项工程或结构构件上的周转性材料的消耗数量。

三、施工定额的作用

施工定额是施工企业管理工作的基础，也是工程定额体系中的基础性定额。它在施工企业生产管理和内部经济核算工作中发挥着如下重要作用。

（1）它是施工单位编制施工组织设计和施工作业计划的依据；

（2）它是组织和指挥施工生产的有效工具；

（3）它是计算工人劳动报酬的依据，也是激励工人的条件；

（4）它有利于推广先进技术；

（5）它是编制施工预算、加强成本管理和经济核算的基础；

（6）它是投标报价的基础。

四、劳动消耗定额

劳动消耗定额简称劳动定额，也称人工定额，是指在正常的生产条件下，完成单位合格建筑产品所需消耗的劳动力的数量标准。

（一）劳动消耗定额的表现形式

劳动消耗定额按其表现形式的不同，分为时间定额和产量定额。

1. 时间定额

时间定额也称工时定额，是指某种专业的工人或个人，在合理的劳动组织和合理的施工技术条件下，完成单位合格产品所消耗的工作时间。它包括准备时间、结束时间、基本生产时间、辅助生产时间、不可避免的中断时间及人工必需的休息时间。其中准备时间、结束时间、基本生产时间与辅助生产时间又统称为有效工作时间。

时间定额的计量单位为“工日 /m^3” “工日 /m^2” “工日 /m” “工日 /t” “工日 / 块”等，用公式表示如下：

$$单位产品时间定额（工日）= \frac{1}{每工日量}$$

或

$$单位产品时间定额（工日）=\frac{小组成员工日数之和}{小组台班数量}$$

2. 产量定额

产量定额是指某种专业的工人班组或个人，在合理的劳动组织和合理的施工技术条件下，在单位时间内完成合格产品的数量。

产量定额的计量单位为“m³/ 工日”“m²/ 工日”“m/ 工日”“t/ 工日”“块 / 工日”等，产量定额根据时间定额计算，用公式表示如下：

$$单位产品产量定额（工日）=\frac{1}{单位产品时间定额}$$

或

$$单位产品产量定额（工日）=\frac{小组成员工日数之和}{小组台班数量}$$

（二）时间定额与产量定额之间的关系

时间定额与产量定额互为倒数关系，即

$$时间定额=\frac{1}{产量定额}$$

《全国统一建筑安装工程劳动定额》中砖墙砌体项目示例见表 2–1。墙砖工作内容包括砌砖墙面艺术形式，平碹及安装平碹模板，梁板头砌砖，梁板下塞砖，楼梯间砌砖，留楼梯踏步斜槽，留孔洞，砌各种凹进处、山墙泛水墙，安放木砖、预埋件，安装 60 kg 以内的预制混凝土过梁、隔板、垫块及调整立好后的门窗框等。

表 2–1　每 1 m³ 砌体的劳动消耗定额　　单位：工日 /m³

序号	项目		双面清水			单面清水				
			1 砖	1.5 砖	2 砖及 2 砖以上	0.5 砖	0.75 砖	1 砖	1.5 砖	2 砖及 2 砖以上
一	综合	塔吊①	1.27	1.20	1.12	1.52	1.48	1.23	1.14	1.07
二		机吊	1.48	1.41	1.33	1.73	1.69	1.44	1.35	1.28
三	砌砖		0.726	0.653	0.568	1.00	0.956	0.684	0.593	0.52
四	运输	塔吊	0.44	0.44	0.44	0.434	0.437	0.44	0.44	0.44
五		机吊	0.652	0.602	0.652	0.642	0.645	0.552	0.652	0.652
六	调制砂浆		0.101	0.106	0.107	0.085	0.089	0.101	0.106	0.107
	编号		4	5	6	7	8	9	10	11

注：①“塔吊”此处为动词，表示用塔式起重机运输。

表中数字为时间定额（工日）。例如：砌筑双面清水 1 砖，使用塔式起重机运输的综合时间定额为 1.27 工日，即每砌筑 1 m³ 的双面清水 1 砖墙，综合需 1.27 工日。

（三）时间定额与产量定额的特点

时间定额以“工日 /m³”“工日 /m²”“工日 /m”“工日 /t”“工日 / 块”等单位表示，

若不同的工作内容有相同的时间单位，则定额完成量可以相加，故时间定额适用于劳动计划的编制和统计完成的任务情况。

（四）劳动消耗定额的测定

劳动消耗定额的测定方法一般有技术测定法、比较类推法、统计分析法和经验估计法4种。

1. 技术测定法

技术测定法又称计时观察法，是指在合理的生产施工技术、操作工艺、合理的劳动组织和正常的施工条件下，对施工过程中的具体活动进行观察测量，分析制定定额的方法。技术测定法有较高的准确性和科学性，是制定新定额和典型定额的主要方法。技术测定通常采用的方法有测时法、写实记录法、工作日记写实法及简易测定法等。其中，测时法和写实记录法使用较为普遍。

2. 比较类推法

比较类推法又称典型定额法，是以某种同类型或相似类型的产品或工序的定额水平或实际消耗的工时标准为依据，经过比较分析，类推出另一种工序产品定额水平的方法。这种方法工作量小，定额制定速度快，但用来对比的两种建筑产品必须是相似或同类型的，否则定额水平是不准确的。

3. 统计分析法

统计分析法是把过去施工中积累的同类工程或生产同类建筑产品的工作消耗原始记录和统计资料，结合当前生产技术组织条件等变化因素，进行分析研究、整理和修正，从而制定定额的方法。其优点是方法简单，有一定的精确度，但过去的统计资料不可避免地包含某些不合理因素，定额水平也会受到不同程度的影响。

4. 经验估计法

经验估计法是根据定额专业测定人员、工程技术人员和老工人在过去从事施工生产、施工管理的经验，并参照图纸、施工规范等有关技术资料，经过座谈讨论、分析研究和综合计算而制定的定额。其优点在于定额制定简单、及时、工作量小、易于掌握，但由于无科学技术测定资料，精确度差，有相当的主观性、偶然性，定额水平不易控制。

五、材料消耗定额

材料消耗定额是指在正常的施工条件和合理使用材料条件下，生产单位质量合格的建筑产品所必须消耗的一定规格的建筑材料、燃料、半成品、构件和水电等动力资源的数量标准。

（一）材料消耗定额的内容

1. 主要材料消耗定额

主要材料消耗定额可分为两部分：一部分是直接用于安装工程的材料，称为材料净用量；另一部分是操作过程中不可避免的施工废料和材料施工操作损耗，称为材料损耗量。

材料消耗量、材料净用量和材料损耗量之间的关系为

$$材料消耗量 = 材料净用量 + 材料损耗量$$

$$材料损耗率 = \frac{材料损耗量}{材料消耗量} \times 100\%$$

$$材料消耗量 = \frac{材料净用量}{1-材料损耗率} \times 100$$

在实际工程中，为了简化计算过程，材料损耗率用材料损耗量与材料净用量的比值计算，通常也称为施工损耗率，其计算公式为

$$材料损耗率 = \frac{材料损耗量}{材料净用量} \times 100\%$$

$$材料消耗量 = 材料净用量 + 材料损耗量 = 材料净用量 \times（1+ 材料损耗率）$$

2. 周转性材料消耗定额

除了构成产品实体的直接性消耗材料外，在建筑工程定额中还有另一类周转性材料。周转性材料是指在施工过程中可多次周转使用，经过修理、补充而逐渐消耗尽的工具性材料，如各种模板、脚手架、活动支架、挡土板等。定额中，周转性材料消耗量指标应当用一次性使用量和摊销量两个指标表示。一次性使用量是指周转材料不再重复使用的使用量，供施工企业组织施工用；摊销量是指周转性材料退出使用，应分摊到每一定计量单位的机构构件的周转性材料消耗量，供施工企业成本核算或预算用。

（二）材料消耗定额的测定

材料消耗定额的测定，就是为了确定单位产品的材料净用量和材料损耗量（率）。材料消耗定额的测定可以分为直接性消耗材料消耗定额的测定、周转性材料消耗定额的测定。

1. 直接性消耗材料消耗定额的测定

直接构成工程实体的材料称作直接性消耗材料，其材料消耗定额的测定方法包括观测法、试验法、统计法和计算法。

（1）观测法

观测法是在施工现场合理使用材料的条件下，观察测定完成单位合格产品的材料消耗量，通过分析整理，最后得出各施工过程单位产品的材料消耗定额。

运用观测法时，首先要选择观察对象。观察对象应符合下列要求：建筑物具有代表性，施工符合技术规范要求，材料品种和质量符合设计要求，被测定的工人在节约材料和保证产品质量方面有较好成绩，选用标准的衡量工具和运输工具。

（2）试验法

试验法又称实验室试验法，是指在材料实验室内进行试验和测定有关消耗量的数据。例如，通过试验研究水泥砂浆的材料强度和各组成材料消耗的比例关系。但试验法不能取

得在施工现场各种客观因素对材料消耗量产生的影响的资料。

（3）统计法

统计法又称统计分析法，是以现场长期积累的分部分项工程拨付材料数量、完成产品数量、完成工作后的材料剩余数量等统计资料为基础，经过分析计算，得出单位产品的材料消耗量。

（4）计算法

计算法又称理论计算法，是根据施工图纸和建筑结构特性，用理论推导的公式计算材料消耗量的一种方法。计算法只能算出单位产品的材料净用量，而材料损耗量仍要在施工现场通过实测取得，或者通过材料损耗率算得。此法适用于计算块状、面状、条状和体积配合比砂浆等材料。

每 1 m^3 砌体标准砖净用量理论计算公式为

$$\text{标准砖净用量（块）}=\frac{\text{砌体厚度砖数}\times 2}{\text{砌体厚度}\times(\text{砖长}+\text{灰缝厚})\times(\text{砖厚}+\text{灰缝厚})}$$

式中，标准砖的一般标准尺寸：长 × 宽 × 厚 =0.24 m × 0.115 m × 0.053 m=0.001 462 8 m^3；砌体厚度：0.5 砖墙为 0.115 m，1 砖墙为 0.24 m，1.5 砖墙为 0.365 m；砌体厚度砖数：0.5 砖厚为 0.5，1 砖厚为 1，1.5 砖厚为 1.5；灰缝厚为 0.01 m。

每 1 m^3 砖砌砂浆净用量理论计算公式为

$$\text{砂浆净用量}(m^3)=1-\text{净用砖的体积}$$

2. 周转性材料消耗定额的测定

制定周转性材料消耗定额，应当按照多次使用、分次摊销的方法计算。为了便于备料，有时还要列出一次使用量。因此，周转性材料消耗定额应该用一次使用量和摊销量两个指标来表示。

一次使用量是指为完成单位合格产品每次生产时所需的材料数量。它根据施工图纸和各分部分项工程施工工艺和施工方法计算。

摊销量是指使用一次应分摊在单位产品中的消耗量。它根据一次使用量、周转次数、周转回收量、补损率等因素来确定。

周转次数是指从第一次使用起可以重复使用的次数，周转次数的确定要经过现场调查、观测及统计分析，取平均先进水平。

周转回收量是指周转材料在周转使用后除去损耗部分的剩余数量。

补损率是指在使用一次后，由于损坏而需补充的数量，用一次使用量的损耗百分数表示，其数值应视下一次使用前需补充数量的多少而定。

（1）现浇构件周转性材料各类用量的计算

$$\text{周转使用量}=\frac{\text{一次使用量}+\text{一次使用量}\times(\text{周转次数}-1)\times\text{补损率}}{\text{周转次数}}$$

$$=一次使用量\times\left[\frac{1+(周转次数-1)\times补损率}{周转次数}\right]$$

$$周转使用系数(k_1)=\left[\frac{1+(周转次数-1)\times补损率}{周转次数}\right]$$

$$周转使用量=一次使用量\times k_1$$

$$周转回收量=\frac{一次使用量-(一次使用量\times补损率)}{周转次数}$$

$$=一次使用量\times\left(\frac{1-补损率}{周转次数}\right)$$

$$摊销量=周转使用量-周转回收量$$

$$=一次使用量\times\left[\frac{(1-补损率)\times回收折价率}{周转次数\times(1+间接费率)}\right]$$

$$摊销量系数(k_2)=\left[k_1-\frac{(1-补损率)\times回收折价率}{周转次数\times(1+间接费率)}\right]$$

$$摊销量=一次使用量\times k_2$$

（2）预制构件模板摊销量计算

$$预制构件模板摊销量=\frac{一次使用量}{周转次数}$$

六、机械消耗定额

机械消耗定额是指在正常施工条件以及合理的劳动组织和合理使用机械条件下，完成单位合格产品所需要的一定产品、规格的施工机械台班的数量标准。

单位机械工作 8 h 为一个台班。

机械消耗额有两种表现形式，即机械时间定额和机械产量定额。机械时间定额与机械产量定额在数值上互为倒数。

（一）机械时间定额

机械时间定额是指在正常的收购条件下，某种机械生产单位合格产品所必须消耗的台班数量。可按下式计算：

$$机械时间定额=\frac{1}{机械产量定额}$$

（二）机械产量定额

机械产量定额是指某种机械在合理的施工组织和正常施工的条件下，单位时间内完成合格产品的数量。可按下式计算：

$$机械产量定额=\frac{1}{机械时间定额}$$

机械消耗定额的表现形式与劳动消耗定额的表现形式基本相同，只是一个指机械，一个指人工；一个以“台班”为计量单位，一个以“工日”为计量单位。

任务四 建筑工程综合定额解读

任务描述

某建筑企业在投标一个项目时，发现招标文件要求使用综合定额报价。企业的预算员对综合定额不太熟悉，不知道该如何准确报价。预算员习惯用传统预算定额，对综合定额中的单价组成、项目划分等内容感到困惑，就像在陌生的领域摸索。那么，综合定额究竟是什么？该如何使用呢？

任务分析

该企业预算员因不熟悉综合定额而面临投标报价难题，反映出综合定额在实际应用中的重要性。需要学习建筑工程综合定额的概念、基本内容和使用方法，了解它与传统预算定额的区别，才能够熟练运用综合定额进行准确报价，解决企业面临的投标困境。

任务实施

建筑工程综合定额是为了适应新形势而对传统预算定额进行改革后所产生的一种预算定额形式，其单价组成不同于现行预算定额，现行预算定额是直接费定额，而综合价格则属于部分费用价格（也称综合单价），其包含直接费、管理费和利润等。

一、基本概念

建筑工程综合定额是指完成单位合格的建筑工程产品所必需消耗的人、机、材的数量标准，以及人、机、材和其他各项费用的标准。综合定额中的定额基价除了人工费、机械费和材料费外，还包括其他各项费用。其他各项费用的组成内容在不同地区的综合定额中有所不同。综合价格作为一种与我国目前建筑市场体制改革现状相适应，同时与国际工程招投标做法较为接近的预算定额形式，已成为我国各城市推进工程预算体制改革的必要选择。

二、基本内容

（一）某省建筑工程计价依据的组成

某省建筑工程计价依据主要由《建筑工程建筑面积计算规范》（GB/T 50353—2013）、

《建设工程工程量清单计价标准》（GB/T 50500—2024）、《某省房屋建筑与装饰工程综合定额》三大部分内容组成。

《建筑工程建筑面积计算规范》（GB/T 50353—2013）主要规范建筑面积计算规则。

《建设工程工程量清单计价标准》（GB/T 50500—2024）确定了工程量清单项目的指导原则，工程量清单计价是国际上大部分国家所采用的计价方法，所以全面推行工程量清单计价方法也是新计价依据颁布执行的主要目标。其主要包括了清单项目的设置规则及其与综合定额项目的对应关系，正确地理解和掌握这部分内容对于正确地掌握工程量清单报价的方法具有十分重要的意义。

《某省房屋建筑与装饰工程综合定额》为定额计价和清单计价提供了基本的定额数据，并且通过合理的项目划分［其与《建设工程工程量清单计价标准》（GB/T 50500—2013）配套使用］使之能够合理地使用于定额计价和清单计价两种模式下。其主要包括分部分项工程费、措施项目费、其他项目费等。

（二）《某省房屋建筑与装饰工程综合定额》的主要特点

（1）采用“量价合一”的表现形式，消耗量体现全省的统一性，保证绿色施工和安全生产的需要；工料机价格采用编制时期综合价格，执行过程中由各市动态调整。

（2）项目划分、计量单位和工程量计算规则三者有机统一、简洁明了，便于初步设计概算编制、投标报价、单位内部管理和核算以及工程价款结算。

（3）项目的工、料、机消耗量结合全国统一专业定额，在2010年《某省建设工程计价依据》的基础上，结合现行设计规范、施工验收规范、质量评定标准和安全操作规程下实际施工发生的社会平均水平调整取定，科学理顺量价关系，贴近市场实际。

（4）依据某省地方标准《建筑工程绿色施工评价标准》（DBJ/T 15—97—2013），删减因工艺材料落后等因素需要淘汰的项目，体现绿色环保施工管理标准。

（三）新计价依据下工程造价的组成

（1）定额计价模式：工程造价主要由定额分部分项工程费、措施项目费、其他项目费、规费和税金等五部分费用组成。

（2）工程量清单计价模式：工程造价主要由工程清单项目费、措施项目费、其他项目费和税金四部分费用组成。

两种计价模式的具体内容和计价方法，本书将在以后章节进行详细介绍。

（四）《某省房屋建筑与装饰工程综合定额》的组成

《某省房屋建筑与装饰工程综合定额》是在国家标准《建设工程工程量清单计价标准》（GB/T 50500—2024）、2008年《建设工程劳动定额》、《房屋建筑与装饰工程消耗量定额》（TY 01—31—2015）及2010年《某省建设工程计价依据》的基础上，结合某省实际，根据现行国家产品标准、设计规范和施工验收规范、质量评定标准、安全操作规程、绿色施工评价标准等编制的。该综合定额是某省房屋建筑与装饰工程合理确定和有效控制工程造价、衡量工程造价合理性的基础，是编审设计概算、施工图预算、招标控制价、竣工结算的依据，是处理工程造价纠纷、鉴定工程造价的依据，也作为企业投标报价、加强内部管理和核算的参考。

《某省房屋建筑与装饰工程综合定额》由总说明、第一部分（分部分项工程项目）、第二部分（措施项目）、第三部分（其他项目）、第四部分（税金）和第五部分（附录）组成。

1. 总说明

（1）该综合定额适用于某省行政区域内采用绿色施工标准新建、扩建和改建的房屋建筑与装饰工程。

（2）该综合定额是完成单位工程量所需的人工费用、材料、机具等消耗量及管理费的标准。该消耗量及费用标准是按正常的施工条件，以某省建筑企业的施工机械装备程度、合理的施工工期、采用的绿色施工标准的施工工艺、劳动组织为基础综合确定的，反映了社会平均水平。

2. 第一部分（分部分项工程项目）

第一部分（分部分项工程项目）是直接构成工程实体的项目。其主要包括土石方工程，围护及支护工程，桩基础工程，砌筑工程，混凝土及钢筋混凝土工程，装配式混凝土结构、建筑构件及部品工程，金属结构工程，木结构工程，门窗工程，屋面及防水工程，保温、隔热、防腐工程，楼地面工程，墙、柱面装饰与隔断、幕墙工程，天棚工程，油漆涂料裱糊工程，其他装饰工程，景观工程，石作工程，拆除工程等十九章内容。

3. 第二部分（措施项目）

第二部分（措施项目）是除实体项目以外的，为保证工程顺利进行，按照国家现行有关建筑工程规范、规程要求必须配套完成的工作内容所需的项目。其主要包括模板工程、脚手架工程、垂直运输工程、材料及小型构件二次水平运输、成品保护工程、井点降水工程、绿色施工安全防护措施费、措施其他项目等八章内容。

4. 第三部分（其他项目）

第三部分（其他项目）主要包括其他项目费用标准的内容。

5. 第四部分（税金）

第四部分（税金）主要包括与税金有关的内容。

6. 第五部分（附录）

第五部分（附录）主要包括附录一（建筑物超高增加人工、机具）、附录二（预拌混凝土价格参考表、商品砂浆价格参考表、预拌砂浆制作含量表）、附录三（混凝土及砂浆配合比）、附录四（利润）、附录五（建筑与装饰材料损耗率参考表）、附录六［模板及支架（撑）周转次数表］、附录七（管理费分摊费率表）。其主要用于定额的换算与补充，以及工程量计算的参考。

（五）某省建筑工程综合定额项目表

目前，某省新的计价依据中还要求建筑工程价格的计算必须遵循《某省房屋建筑与装饰工程综合定额》中的项目划分（清单计价遵循清单项目设置规则）、工作内容、计量单位和人机材的消耗量等。具体的综合定额项目表可参见表 2–2。

表 2–2　《某省房屋建筑与装饰工程综合定额》示例

A.1.5 混凝土及钢筋混凝土工程

A.1.5.1 现浇建筑物混凝土

1 基础

工作内容：浇捣、覆膜养护。　　　　计量单位：10 m^3

定额编号					A1–5–1	A1–5–2	A1–5–3	A1–5–4
子目名称					毛石混凝土基础	其他混凝土基础	地下室底板	电梯坑
基价 / 元					1 050.47	679.92	687.52	979.47
其中		人工费 / 元			546.48	456.92	441.74	669.44
		材料费 / 元			337.97	81.24	107.17	107.17
		机具费 / 元			6.92	8.08	9.02	8.08
		管理费 / 元			159.10	133.68	129.59	194.78
分类	编码	名称	单位	单价 / 元	消耗量			
人工	00010010	人工费	元	—	546.48	456.92	441.74	669.44
材料	80210180	预拌混凝土	m^3	—	（8.590）	（10.100）	（10.100）	（10.100）
	02270070	土工布	m^2	6.69	14.280	11.760	14.560	14.560
	04110001	毛石综合	m^3	88.35	2.720	—	—	—
	34110010	水	m^3	4.58	0.465	0.560	0.710	0.710
	99450760	其他材料费	元	1.00	—	—	6.51	6.51
机具	990605060	混凝土振捣器（插入式）	台班	10.49	0.660	0.770	—	0.770
	990605065	混凝土振捣器（平板式）	台班	11.72	—	—	0.770	—

注：1. 毛石混凝土，定额是按毛石占混凝土体积 20% 计算的，如与设计要求不同时，可以换算。

2. 基础子目如设计要求采用素混凝土，混凝土含量为 10.15 m^3，其他不变。

三、使用方法

在定额计价模式下，实体性项目定额计价方法与过去方法基本保持一致，但措施性项目可根据定额规定灵活掌握。对于清单计价模式，必须按照清单项目的设置规则进行项目划分，并对应综合定额进行项目的组价。其综合单价除了人工费、机械费、材料费、管理费外，还应包括利润。所以，其操作难度和复杂性要高于定额计价，但对于综合定额的使用方法，基本上还是一致的。也就是说，清单计价和定额计价在技术角度上并没有什么本质上的区别，应强调哪一种计价模式更好、更适应市场、更与国际惯例接轨。所以，不管计价的形式有无本质上的区别，只要这种定价方式和造价的管理方式更适应市场，更有利于建筑市场的良性运行，就应积极使用和推广。在今后的改革中，定额的指令性作用会逐步减小，最终过渡到由企业自主确定选用哪种定额，但定额的使用形式和方法将会始终延续下去。

综合定额的使用可以划分为综合单价的直接套用和综合单价的换算两个方面。这两个方面的使用方法和有关规定，基本遵循原有的综合定额的方法和规定。

任务五 建筑工程概算定额解析

任务描述

一家房地产开发公司要对新开发的楼盘进行初步造价估算，以便确定投资规模。公司的造价师使用不同方法估算出的结果相差较大。其中，按预算定额估算和按概算定额估算的结果差异明显，造价师们不确定哪种更适合初步设计阶段的造价控制。那么，概算定额与预算定额有何不同？在初步设计阶段该如何正确使用概算定额呢？

任务分析

房地产开发公司在楼盘初步造价估算时遇到的问题，体现了正确选择定额进行造价估算的重要性。需要学习建筑工程概算定额的概念、内容、作用以及概算定额与预算定额的差异，掌握在初步设计阶段使用概算定额的方法，才能准确估算造价，为项目投资决策提供可靠依据。

任务实施

一、基本概念

建筑工程概算定额，又称扩大结构定额，由国家或主管部门制定颁发，是指完成一定计量单位的建筑工程扩大结构构件、分部工程或扩大分项工程所需要的人工、材料、机械消耗和费用的数量标准。

概算定额是在预算定额的基础上，按工程形象部位，以主体结构分部为主，将一些相近的分项工程预算定额加以合并，进行综合扩大编制的。与预算定额相比，概算定额简化了计算程序，省时省力，使概算工程量的计算和概算书的编制都比预算定额简化了许多，缺点是精确度相对降低了。概算定额是编制设计概算，进行设计方案优选的重要依据；也是施工企业编制施工组织总设计的依据，可用作编制建设工程的招标控制价和报价，进行工程结算；同时还是编制投资估算指标的基础。

概算定额的组成内容、表现形式和使用方法等与预算定额十分相似，其也可划分为建筑工程概算定额和设备安装工程概算定额两大类。其中建筑工程概算定额包括一般土建工程概算定额、给排水工程概算定额、采暖工程概算定额、通信工程概算定额、电气照明工程概算定额和工业管道工程概算定额等；设备安装工程概算定额主要包括机器设备及安装工程概算定额、电气设备及安装工程概算定额和工器具及生产家具购置费概算定额等。概算定额在编制过程中，与预算定额的水平基本一致，但二者在水平上需保留一个合理的幅度差，根据概算定额编制的设计概算是控制施工图预算的依据。

二、概算定额的内容

概算定额的组成内容与预算定额的组成内容类似，一般是由目录、总说明、建筑面积计算规则、分部工程说明和工程量计算规则、概算定额项目表和有关附录等内容组成。概算定额在总说明和各分部工程说明中主要阐明编制目的、依据、内容、用途、适用范围、使用规定等。

在建筑面积计算规则和分项工程量计算规则中阐明建筑面积及分项工程量的范围与计算方法。

在概算定额项目表中列有定额项目、定额编号、人机材消耗量指标和当地的概算定额单价，其具体形式类似预算定额项目表。《某省房屋建筑工程概算定额》项目表的具体形式可参见表 2–3。

表 2–3 《某省房屋建筑工程概算定额》示例

3.1 普通基础工程

3.1.1 现浇混凝土带形、独立基础

工作内容：1. 模板制作，模板安装、拆除、维护、整理、堆放及场内外运输。

2. 混凝土（制作）运输、泵送、浇捣、养护。 定额单位：10 m^3

定额编号				C1–3–1	C1–3–2
子目名称				素混凝土基础	毛石混凝土基础
基价 / 元				1 477.81	1 415.87
其中	人工费 / 元			730.32	569.67
	材料费 / 元			375.71	535.73
	机械费 / 元			188.10	163.78
	管理费 / 元			183.68	146.69
编码	名称	单位	单价	消耗量	
0001001	综合工日	工日	51	14.320	11.170
0351021	圆钉 50 ～ 75	kg	4.36	5.023	5.023
0411001	毛石（综合）	m^3	59.16	—	2.720
0503051	松杂板枋材	m^3	1 313.52	0.195	0.195
0505121	防水胶合板模板用 18	m^2	37.03	1.837	1.837
1233021	隔离剂	kg	6.74	2.300	2.300
3115001	水	m^3	2.80	4.614	4.614
9946131	其他材料费	元	1.00	1.23	1.23
8021379	含量：混凝土（制作）	m^3	—	[11.534]	[10.009]
9905441	混凝土振捣器（插入式）	台班	11.59	0.770	0.660
9905511	混凝土输送泵输送量 20 m^3/h	台班	528.95	0.103	0.089
9907216	载货汽车装载质量 6 t	台班	373.48	0.059	0.059
9907351	机动翻斗车装载质量 1 t	台班	130.33	0.780	0.660
9921111	木工圆锯机直径 500 mm	台班	25.05	0.040	0.040

三、概算定额的作用

（1）概算定额是扩大初步设计阶段编制设计概算和技术设计阶段编制修正概算的依据。

（2）概算定额是对设计项目进行技术经济分析和比较的基础资料之一。

（3）概算定额是编制建设项目主要材料计划的参考依据。

（4）概算定额是编制概算指标的依据。

（5）概算定额是编制招标控制价和投标报价的依据。

四、概算定额的应用

概算定额的使用方法与综合定额的使用方法类似，其可分为概算定额单价的直接套用、定额换算和定额补充三个方面。在使用的过程中，必须注意其项目划分与综合定额项目的区别，防止重项或漏项；当概算定额项目与设计要求不符时，应按规定进行换算；如果在定额中找不到换算的依据，就必须按照概算定额单价编制的方法进行项目的补充。

任务六　建设工程投资估算指标介绍

任务描述

某投资公司计划投资建设一座综合性商业广场，在项目前期规划阶段，需要快速估算项目的总投资额，以此判断项目是否具有投资价值。投资团队参考了不同的资料和估算指标，结果得出的投资额差距极大。有的指标显示项目投资回报可观，有的却显示可能面临亏损，这让投资公司的决策层陷入了两难境地。到底该依据什么指标来准确估算投资，从而做出正确决策呢？接下来，通过一起学习建设工程投资估算指标的相关知识，为投资公司排忧解难。

任务分析

投资公司在商业广场项目投资估算时，因参考不同指标而得到差异巨大的结果，难以做出决策。这表明建设工程投资估算指标的选择和应用十分关键。需要学习投资估算指标的概念、内容，了解其层次划分和作用，掌握正确运用指标进行估算的方法，才能帮助投资公司精准估算投资，做出科学的投资决策。

任务实施

一、基本概念

建设工程投资估算指标，也可称为建设工程技术经济指标，它是编制建设项目建议书、可行性研究报告等前期工作阶段投资估算的依据，也可以作为编制固定资产长远规划投资额的参考。投资估算指标为完成项目建设的投资估算提供依据和手段，它在固定资产的形成过程中起着投资预测、投资控制、投资效益分析的作用，是合理确定项目投资的基础。估算指标中的主要材料消耗量也是一种扩大材料消耗指标，可以作为计算建设项目主要材料消耗量的基础。估算指标的正确制定和合理使用对于提高投资估算的准确度、合理评估建设项目、正确决策具有重要的意义。

投资估算指标同概算定额和预算定额一样，都是与各个设计阶段相适应的多次性估价的产物。它主要用于建设前期和初步设计阶段的工程估价，主要作为编制投资估算和初步设计概算、进行设计方案的技术经济分析、考核投资效果、编制基本建设计划、申请投资拨款和制订资源使用计划的依据。

二、投资估算指标的内容

投资估算指标是确定和控制建设项目全过程各项投资支出的技术经济指标，其范围涉及建设前期、建设实施期和竣工验收交付使用期等各个阶段的费用支出，内容因行业不同而各异，一般可分为建设项目综合指标、单项工程指标和单位工程指标三个层次。

（一）建设项目综合指标

建设项目综合指标指按规定应列入建设项目总投资的从立项筹建开始至竣工验收交付使用的全部投资额，包括单项工程投资、工程建设其他费和预备费等。建设项目综合指标一般以项目的综合生产能力单位投资表示，如元 /t、元 /kW 等。

我国建设工程投资估算指标大多数是由国务院各部委或中央级专业公司制定发布的，其投资估算指标的种类非常多，如国家发展改革委、建设部（现住房和城乡建设部）颁发的《建设项目经济评价方法与参数》，中国石油化工股份有限公司颁发的《石油化工安装工程概算指标》等。我国各部门制定的建设工程投资估算指标内容和表现形式，结合各自行业的特点各有不同，应具体参照其编制的原则和使用说明执行。

例如，新建一座年产 10 000 t 的啤酒厂，其投资估算指标为 1 700 元/t，试估算其投资总额。

$$投资总额 =10\,000 \times 1\,700=1\,700（万元）$$

（二）单项工程指标

单项工程指标指按规定应列入能独立发挥生产能力或使用效益的单项工程内的全部投资额，包括建筑工程费、安装工程费、设备及生产工器具购置费和其他费用。单项工程一般划分原则如下。

（1）主要生产设施：指直接参加生产产品的工程项目，包括生产车间或生产装置。

（2）辅助生产设施：指为主要生产车间服务的工程项目，包括集中控制室，中央实验室，机修、电修、仪器仪表修理及木工等车间，原材料、成品、半成品及危险品仓库。

（3）公用工程：包括给排水系统、供热系统、供电及通信系统，以及热电站、热力站、煤气站、空压站、冷冻站、冷却塔和全厂管网等。

（4）环境保护工程：包括废气、废渣、废水等的处理和综合利用设施及全厂性绿化。

（5）总图运输工程：包括厂区防洪、围墙大门、传达及收发室、汽车库、消防车库、厂区道路、桥涵、厂区码头及厂区大型土石方工程。

（6）厂区服务设施：包括厂部办公室、厂区食堂、医务室、浴室、哺乳室、自行车棚等。

（7）生活福利设施：包括职工宿舍、住宅、生活区食堂、职工医院、俱乐部、托儿所、幼儿园、子弟学校、商业服务点以及与之配套的设施。

（8）厂外工程：包括水源工程、厂外输电、输水、排水、通信、输油等管线，以及公路、铁路专用线等。

单项工程指标一般以单项工程生产能力单位投资表示。例如，变配电站以元 /（kV·A）表示；锅炉房以元 / 蒸汽吨表示；供水站以元 /m^3 表示；办公室以元 /m^2 表示。

如果能有更详细的技术资料和单项工程指标，可以将整个建设工程分解为若干个单项工程，使用单项工程指标分别估算各个单项工程的造价，再估算设备与工器具购置费、工程建设其他费用和固定资产调节税等，最后综合成为整个建设工程的总造价，这样就比采用建设工程投资估算指标更准确。

（三）单位工程指标

这一层次的技术经济指标也可称为概算指标，是比概算定额更为综合和概括的一类定额。它是对各类建筑物以建筑面积、建筑体积或万元造价为计量单位，对构筑物以座为计量单位，对安装工程以台、套等为计量单位，所整理的造价、人工和主要材料用量等的指标。其主要是以单位建筑或安装工程为估算对象的指标。

如果采用单项工程指标还是比较粗略的话，还可以按照相关的技术资料和单位工程指标将单项工程划分为若干个单位工程，然后采用单位工程指标分别估算各个单位工程的造价，再将其汇总，便得到整个单项工程的造价。所以如果能够将建设项目按照一定的技术与经济资料划分到单位工程，再利用单位工程指标就能够更加准确地估算整个建设工程的造价。

广州市颁发的《2019 年度广州市房屋建筑工程技术经济指标》就是在广泛收集近年来广州地区范围内已建典型工程的基础上，对其按照规定计量单位所消耗的人工、材料、工程量、费用等进行科学、合理的技术经济分析，综合整理编制而成的，适用于广州地区拟建、在建或已竣工工程，是编制投资估算、概算、施工图预算、招标控制价或报价、投资包干、预结算审核和成本分析等的参考资料。

项目小结

本项目首先学习了工程计价依据的基本概念，明确其在工程造价管理中的重要地位，以及包括建设工程定额、工程造价指数和工程造价资料等主要内容；其次深入剖析了建设工程定额原理，涵盖定额的产生发展、分类方式和制定方法等知识；再次详细介绍了建筑工程施工定额、综合定额、概算定额以及投资估算指标的概念、内容、作用和使用方法；最后阐述了这些计价依据在工程造价确定和控制中的作用。通过本项目的学习，读者能够系统掌握工程计价的基本依据，理解各类定额的本质和应用场景，学会运用相关知识进行工程造价的计算和管理，为准确确定和有效控制工程造价提供有力支持。

项 目 工 单

一、实训准备

提供多个不同类型的建设工程项目案例资料，涵盖不同的工程规模、结构类型和施工工艺。准备各类工程建设定额手册，包括基础定额、预算定额、概算定额等，以及工程造价指数和相关工程造价资料。为每组学生准备纸张、笔等文具用于记录和计算。

二、实训内容

学生分组选择不同的项目案例，根据给定的资料，分析并确定该项目适用的工程计价依据。运用所学的定额分类和应用知识，对项目中的分部分项工程进行定额套用和费用计算。同时，分析工程造价指数对造价的影响，并结合工程造价资料进行类比和调整。最后，每个小组提交项目工程计价报告，阐述所选用的计价依据及计算过程和结果。

三、分组讨论

以 3 ～ 5 人为一组，选出组长并进行任务分工，将小组成员及分工情况填入表 2-4 中。

表 2-4　小组成员及分工情况

班级：　　　　　　　　　　　　组号：　　　　　　　　　　　　指导教师：

小组成员	姓名	学号	任务分工
组长			
组员			

四、实施过程

按实际操作过程，将实施内容、遇到的问题及解决办法等记录于表 2-5 中。

表 2-5　工作实施过程记录表

序号	实施内容	遇到的问题及解决办法	结果

五、任务评价

各组展示任务完成情况，并完成考核评价表，见表2–6。

表2–6　考核评价表

<table>
<tr><th rowspan="2">项目名称</th><th rowspan="2" colspan="2">评价内容</th><th rowspan="2">满分/分</th><th colspan="3">评分/分</th></tr>
<tr><th>自评</th><th>互评</th><th>师评</th></tr>
<tr><td rowspan="3">职业素养考核项目</td><td colspan="2">考勤、纪律意识</td><td>10</td><td></td><td></td><td></td></tr>
<tr><td colspan="2">团队交流与合作意识</td><td>10</td><td></td><td></td><td></td></tr>
<tr><td colspan="2">参与主动性</td><td>10</td><td></td><td></td><td></td></tr>
<tr><td rowspan="5">专业能力考核项目</td><td colspan="2">积极参与教学活动并正确理解任务要求</td><td>10</td><td></td><td></td><td></td></tr>
<tr><td colspan="2">认真查找与任务相关的资料</td><td>10</td><td></td><td></td><td></td></tr>
<tr><td colspan="2">任务实施过程记录表的完成度</td><td>10</td><td></td><td></td><td></td></tr>
<tr><td colspan="2">对工程计价基础的了解程度</td><td>20</td><td></td><td></td><td></td></tr>
<tr><td colspan="2">独立完成相应任务的程度</td><td>20</td><td></td><td></td><td></td></tr>
<tr><td colspan="3">合计</td><td>100</td><td></td><td></td><td></td></tr>
<tr><td rowspan="2">总评</td><td rowspan="2">自评（20%）+互评（20%）+师评（60%）=</td><td>综合等级</td><td rowspan="2" colspan="4">指导教师（签名）：</td></tr>
<tr><td></td></tr>
</table>

课 后 练 习

一、选择题

1. 工程计价依据的核心是（　　）。

A. 工程造价指数

B. 工程造价资料

C. 建设工程定额

D. 预算定额

2. 下列属于按照生产要素分类的建设工程定额是（　　）。

A. 施工定额

B. 劳动定额

C. 概算定额

D. 全国统一定额

3. 建筑工程综合定额的单价组成包括（　　）。

A. 直接费

B. 直接费、管理费

C. 直接费、管理费和利润

D. 直接费、管理费、利润和税金

二、填空题

1. 工程计价依据按照其表现形式可分为建设工程定额、工程造价指数和________。

2. 建设工程定额按照编制程序和用途分类，可分为施工定额、预算定额、概算定额和________。

3. 建筑工程施工定额由劳动定额、机械定额和________三部分组成。

三、简答题

1. 简述工程计价依据的基本特征。

2. 简述建筑工程概算定额的作用。

项目三

建筑工程定额计价解析

项目导读

建筑工程的造价确定如同一场精密的计算游戏，而定额计价则是其中重要的规则之一。在实际的建筑项目中，如何准确运用定额计价进行工程报价和成本控制呢？本项目将深入探讨建筑工程定额计价的概念、原理、编制内容和方法，使读者掌握项目划分、工程计量、定额套价及工程取费的要点，学会编制建筑工程施工图预算，帮助其在建筑工程领域中精准把握造价，为项目的顺利开展提供有力支持。

学习目标

知识目标

1. 熟悉定额计价的概念、原理、编制内容和方法。
2. 掌握项目划分、工程计量、定额套价及工程取费的要点。

能力目标

1. 能够依据规则进行项目划分与工程计量。
2. 准确进行定额套价和工程取费计算。
3. 独立编制建筑工程施工图预算。

素质目标

1. 培养耐心细致的工作习惯。
2. 提升解决实际问题的能力。
3. 增强对造价工作的责任心。

思政目标

引导学生树立诚信意识，在定额计价工作中坚持实事求是，杜绝虚假计价，维护市场公平秩序。

任务一 建筑工程定额计价概述

任务描述

小王是个刚进入建筑行业的新人，公司让他协助做一个小型仓库的造价预算。他看着一堆施工图纸和资料，完全不知道从哪儿开始。他知道要用到定额计价，但对于定额计价到底是什么、怎么用，心里毫无头绪，就像面对一座陌生的大山，不知该从哪条路攀登。相信很多初入行者都有类似困惑。

任务分析

小王的困惑代表了许多建筑行业新手的状态，对定额计价的陌生使得他们在实际工作中无从下手。需要学习定额计价的概念、原理、编制内容和依据等基础知识，只有掌握这些，才能像找到登山路径一样，找到进行定额计价的方法，帮助小王解决他面临的难题，顺利开展造价预算工作。

任务实施

定额计价是指根据招标文件，按照国家建设行政主管部门发布的建设工程预算定额的工程量计算规则，同时参照省级建设行政主管部门发布的人工工日单价、机械台班单价、材料以及设备价格信息及同期市场价格，直接计算出直接工程费，再按规定的计算方法计算间接费、利润、税金，最后汇总确定建筑安装工程造价。

定额计价是建立在以政府定价为主导的计划经济管理基础上的价格管理模式，它所体现的是政府对工程价格的直接管理和调控。

一、定额计价的原理

扫一扫

定额计价

根据前面介绍的建筑产品价格原理可知，建筑产品价格的计算是分部组合而成的。建设工程按照组成内容可以划分为单项工程、单位工程、分部工程和分项工程。施工图预算通常所指的都是单位工程施工图预算，其目的是既方便按照工程计价模式编制工程预算，又能划分出不同专业的工程造价。施工图预算的关键在于编好单位工程施工图预算。

定额计价的原理就是通过项目划分计算分项工程的工程量，然后选套定额基价，再进行工程取费，最后汇总得到整个工程的预算造价。

二、定额计价的编制内容

（一）编制依据

（1）施工图纸、说明书和有关标准图集。

（2）施工组织设计或技术组织措施。

（3）预算定额或综合定额。

（4）费用定额和有关调价规定。

（5）已审批的设计概算文件。

（6）工程合同或协议。

（7）预算工作手册。

（二）编制步骤

首先根据施工图纸和施工方案列出分项工程项目清单，然后根据工程量计算规则计算每一个分项工程的实物工程量，再根据政府颁布的预算定额或企业内部定额填报每一个分项工程的单价（直接费单价、综合单价或全费用单价），然后再根据费用定额（主要针对直接费单价）或按实计算工程造价的其他费用（主要针对综合单价）计算整个建筑工程预算价格。以上可以归纳为“量、价、费”（即算量、套价、计费）三项核心工作，其步骤如图 3–1 所示。

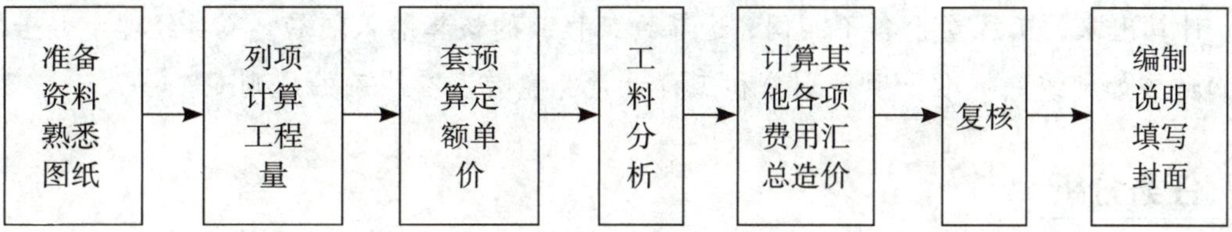

图 3–1　定额计价编制步骤

三、定额计价的编制方法

根据前述的预算编制程序中“量、价、费”的顺序，在计算完工程量以后即可套价计费。

随着工程预算编制方法的不断改革，综合定额计价将会被越来越多的地区所采用。综合定额计价程序可参见表 3–1。

表 3–1　综合定额计价程序

序号	名称		计算办法
1	定额分部分项工程费		∑（实体工程量 × 基价）
2	价差		∑[实体数量 ×（编制价 – 定额价）]
3	利润		人工费 × 利润率
4	措施项目费	安全文明施工措施费	分部分项工程费 × 相应费率
		其他措施项目费	按有关规定计算

续表

序号	名称	计算办法
5	其他项目费	由承（发）包双方按有关规定计算
6	规费	（1+2+3+4+5）× 相应费率
7	不含税工程造价	1+2+3+4+5+6
8	税金	7× 税率
9	含税工程造价	7+8

最后编制完成的建筑工程预算书一般由封面、编制说明、工程汇总表、定额分部分项工程计价表、措施项目表、其他项目表、单价分析表、规费和税金项目表、工程量计算表等组成。

任务二 项目划分与工程计量要点

任务描述

小李所在的施工队承接了一项办公楼的装修工程，在计算工程款时，各个施工小组对于不同项目的划分和工程量的计算方式产生了分歧。有的小组按照自己的习惯划分项目，计算出来的工程量也各不相同，这导致工程款的核算陷入僵局。项目经理十分苦恼，不知道该如何统一标准。项目划分和工程计量究竟有没有明确的规则呢？

任务分析

这个案例中施工队因项目划分和工程计量不统一导致工程款核算困难，凸显了明确相关规则的重要性。需要学习项目划分的原则、方法以及工程计量的规则和注意事项，这样才能统一标准，解决施工队遇到的问题，保证工程款核算的准确性和公正性。

任务实施

一、项目划分

在熟悉施工图纸和施工组织设计，掌握预算定额或综合定额，以及现场施工条件的基础上，正确地划分工程项目，将工程所包含的所有定额子目均罗列出来，有利于保证工程计价的准确性。

（一）划分原则

项目名称必须完整、准确和简明扼要；项目划分应与预算定额子目的规定保持一致，必须结合工程的建筑结构特征和施工方法的具体情况加以确定；项目划分必须准确无误、不重不漏。

如果定额中存有缺项情况，可暂定名称计入相应的分部分项工程，待编制补充定额后，再以确定的名称和定额编号等列入预算子目当中。

（二）划分方法

（1）按照定额的编排顺序列项：对于初学者来说，可以按照本地区预算定额规定的各分部分项工程的编排顺序进行项目的划分。

（2）按照施工顺序列项：为了防止漏项，最好是按照施工工艺顺序进行列项，只有遵循一定的技术规律，项目的罗列才能与工程实际情况相符合，罗列才更准确。但这要求编制人员必须十分熟悉建筑施工的各项技术规律和知识。

最后，将划分好的项目加以整理便形成拟编工程的预算项目，并将其填入“工程量计算表”和“定额分部分项工程计价表”中，同时抄录相应的各分项子目的定额编号。

对于列项和计量工作，可以边列项边计算，也可先列完项再计算工程量，这样方便对整个项目所包含的全部子项目有个总体认识，先制订好工程量计算计划，从而把握重点、安排好时间。

二、工程计量

工程量计算是预算编制的“量、价、费”三项核心工作中的首要工作，是整个预算编制过程中最花费时间和最繁重的一项工作，工程量计算的准确程度直接影响预算报价的准确性。任何商品的价格都取决于商品数量与其单价的乘积，准确计算工程产品的数量是确定工程产品价格的重要依据。

因此，在进行所列项目的工程量计算时，应严格按照定额规定的计算规则进行计算，并且在计算前应熟悉设计图纸和施工组织设计，了解施工现场情况；在查找相应尺寸时，应严格按照图纸标注的尺寸进行，不得人为地扩大或缩小。对于工程量的计算，一般应尽量使用各种计算表来辅助计算，如钢筋计算表、门窗计算表和各类构件计算表等，计算底稿（即工程量计算表）应书写整齐，使文字清楚，并在表内注明计算构件的位置，方便以后核对。

三、工程量计算的格式

某省定额计价规定的工程量计算表的标准格式可参见表 3–2。

表 3-2 工程量计算表

工程名称：　　　　　　　　　　　　　　　　　　　　　　　　第 页 共 页

工程细目		同样件数	计算式				单位	复数量	备注
项目	说明		长 /m	宽 /m	高厚 /m	单数量			

任务三 定额套价与工程取费详解

任务描述

小张负责一个教学楼建设项目的造价核算工作，在进行定额套价和工程取费时，他发现同一项施工内容在不同的定额标准下价格差异很大。而且对于各项费用的计算，他也不太确定该遵循什么标准。这让他十分纠结，担心算错造价而影响项目成本控制。定额套价和工程取费到底该怎么操作才正确呢？

任务分析

小张在造价核算中遇到的定额套价和工程取费问题，是建筑工程中常见的难题。需要学习定额套价的方法、工程取费的标准和计算程序，了解不同定额标准的适用情况，才能准确进行造价核算，避免因计算错误而影响项目成本，从而解决小张的困扰。

任务实施

一、定额套价

计算各分项工程实体项目费的方法是先将工程量按照综合定额各分部分项工程的排列顺序逐项填列在定额分部分项工程预算表中，然后套用相应的定额基价，即可计算出该分项工程的实体项目费，最后在表中将整个单位工程中所有的分项工程实体项目费进行汇总，即可得出整个单位工程的定额分部分项工程费。

必须指出，综合定额的套用、换算和补充正确与否，会直接影响直接费计算的准确程度。所以，在选套定额基价时，一定要严肃认真，不准高套或低套，应当换算时就要进行换算，应当补充单价时就要补充单价，严禁随意填写。

单位工程预算汇总表的格式可参见表 3–3。定额分部分项工程费汇总表的格式可参见表 3–4。

表 3–3　单位工程预算汇总表

工程名称：　　　　　　　　　　　　　　　　　　　　第 页 共 页

序号	费用名称	计算基础	金额 / 元
1	分部分项工程费	定额分部分项工程费 + 价差 + 利润	
1.1	定额分部分项工程费	人工费 + 材料费 + 机械费 + 管理费	
1.1.1	人工费	分部分项人工费	
1.1.2	材料费	分部分项材料费 + 分部分项主材费 + 分部分项设备费	
1.1.3	机械费	分部分项机械费	
1.1.4	管理费	分部分项管理费	
1.2	价差	人工价差 + 材料价差 + 机械价差	
1.2.1	人工价差	分部分项人工价差	
1.2.2	材料价差	分部分项材料价差	
1.2.3	机械价差	分部分项机械价差	
1.3	利润	人工费 + 人工价差	
2	措施项目费	安全文明施工费 + 其他措施项目费	
2.1	安全文明施工费	安全防护、文明施工措施项目费	
2.2	其他措施项目费	其他措施费	
3	其他项目费	其他项目合计	
3.1	材料检验试验费	材料检验试验费	
3.2	工程优质费	工程优质费	
3.3	暂列金额	暂列金额	
3.4	暂估价	专业工程暂估价	
3.5	计日工	计日工	
3.6	总承包服务费	总承包服务费	
3.7	材料保管费	材料保管费	
3.8	预算包干费	预算包干费	
3.9	索赔费用	索赔费用	
3.10	现场签证费用	现场签证费用	
4	税前工程造价	分部分项工程费 + 措施项目费 + 其他项目费 + 规费	
5	增值税销项税额	税前工程造价	
6	工程造价	税前工程造价 + 增值税销项税额	

表 3-4　定额分部分项工程预算表

工程名称：　　　　　　　　　　　　　　　　　　　　　　第　页　共　页

序号	项目编码	项目名称	计量单位	工程数量	定额基价 / 元	合价 / 元

二、单价分析

（一）概念

施工图预算以货币的形式表现了单位工程中分部分项工程量及其预算价值，但完成单位工程及分部分项工程所需的人工、材料和机械的预算用量没能在施工图预算中直观地表现出来。为了掌握这些人工、材料的预算用量，就需要对单位工程预算进行单价分析，编制工料分析表。

（二）作用

（1）单价分析是建筑施工企业编制劳动力计划和材料需要量计划的依据。

（2）单价分析是进行“两算”对比和财务部门进行成本分析、降低成本措施的依据。

（3）单价分析是项目经理部向工人班组签发工程任务书、限额领料单，考核工人节约材料情况以及工人班组进行经济核算的基础。

（4）单价分析是施工单位与建设单位材料结算和调整材料价差的主要依据。

综上所述，做好单价分析工作，对于加强施工企业经营管理、经济核算和降低工程成本等都具有十分重要的意义。

（三）方法

单价分析一般是按单位工程（土建、安装、电气等）分别编制。根据工程预算中分部分项工程的数量、定额编号逐一计算各分项工程所含人工、材料、机械和管理的费用，分别汇总合计，从而反映出单位工程全部分项工程的人工、材料、机械和管理的预算费用，以满足各项生产与管理工作的需要。单价分析表的格式可参见表 3-5。

表 3-5　定额分部分项工程预算分析表

工程名称：　　　　　　　　　　　　　　　　　　　　　　第　页　共　页

序号	项目编码	项目名称	计量单位	工程数量	定额基价 / 元					合价 / 元				
					人工费	材料费	机械费	管理费	合价	人工费	材料费	机械费	管理费	合价

三、工程取费

在单位工程定额分部分项工程费计算出来以后，可将其作为取费基础，根据建筑工程费用定额计算单位工程其他各项费用，如材料调差、措施项目费、其他项目费、规费和税金等。工程取费必须严格按照有关的程序和费率进行计算。

现行的建筑工程造价，大都以分部分项工程费为计费基础，按照各地规定的计费程序计取各项费用。应计算费用的项目和计算方法各地不尽相同。以广州市为例，计取的费用包括主要材料价差、利润、措施项目费、预算包干费、总承包服务费、危险作业意外伤害保险费、税金等，将以上各项费用汇总即得工程造价合计。工程取费表或预算汇总表的格式可参照本地区的建筑工程取费程序表加以确定。某省建筑工程综合定额计价取费程序表可参见表 3–6。

表 3–6　某省建筑工程综合定额计价取费程序表

序号	费用名称	计算基础	费率
1	分部分项工程费	1.1+1.2+1.3	
1.1	定额分部分项工程费		
1.2	价差	人工、材料、机械	
1.3	利润	人工费（定额人工费 + 人工价差）	20.00%
2	措施项目费	2.1+2.2	
2.1	绿色施工安全防护措施费	2.1.1+2.1.2	
2.1.1	按定额子目计算的安全文明施工费	2.1.1.1+2.1.1.2+2.1.1.3	
2.1.1.1	定额安全文明施工费		
2.1.1.2	价差	人工、材料、机械	
2.1.1.3	利润	人工费（定额人工费 + 人工价差）	20.00%
2.1.2	按系数计算的安全文明施工费	分部分项的人工费与施工机具费之和	19.00%
2.2	其他措施项目费	2.2.1+2.2.2	
2.2.1	按定额子目计算的其他措施项目费	2.2.1.1+2.2.1.2+2.2.1.3	
2.2.1.1	定额其他措施项目费		
2.2.1.2	价差	人工、材料、机械	
2.2.1.3	利润	人工费（定额人工费 + 人工价差）	20.00%
2.2.2	措施其他项目费	2.2.2.1+2.2.2.2+…+2.2.2.4	
2.2.2.1	文明工地增加费	分部分项的人工费与施工机具费之和	市级文明工地为 1.20%；省级文明工地为 2.10%
2.2.2.2	夜间施工增加费	夜间施工项目人工费	20.00%

续表

序号	费用名称	计算基础	费率
2.2.2.3	赶工措施费	赶工措施费 =（1–δ）×（分部分项的人工费 + 施工机具费）×0.3，（$0.8 \leqslant \delta<1$）。式中，δ= 合同工期 / 定额工期	按照定额规定计算
2.2.2.4	其他费用		按实际发生或经批准的施工组织设计方案计算
3	其他项目费	3.1+3.2+…+3.12	
3.1	暂列金额		
3.2	暂估价		按照定额规定计算
3.3	材料暂估价		10 ～ 15（结算按实际数额）
3.4	专业工程暂估价		按照定额规定计算
3.5	计日工		按照定额规定计算
3.6	总承包服务费		按照定额规定计算
3.7	预算包干费	分部分项的人工费与施工机具费之和	7.00%
3.8	工程优质费	分部分项的人工费与施工机具费之和	国家级质量奖：12.00%；省级质量奖：7.50%；市级质量奖：4.50%
3.9	现场签证费用		
3.10	索赔费用		
3.11	其他费用		
4	税前工程造价	分部分项合计 + 措施合计 + 其他项目	
5	增值税销项税额	分部分项合计 + 措施合计 + 其他项目	9.00%
6	总造价	分部分项合计 + 措施合计 + 其他项目 + 增值税销项税额	
7	人工费	分部分项人工费 + 技术措施项目人工费	

其中人工材料机具价差表格式可参见表 3-7，措施项目预算表格式可参见表 3-8，其他项目预算表格式可参见表 3-9，规费和税金项目预算表格式可参见表 3-10。

表 3-7　人工材料机具价差表

工程名称：　　　　　　　　　　　　　　　　　　　　第　页　共　页

序号	名称	等级、规格、产地（厂家）	单位	数量	定额价/元	市场价/元	价差/元	价差合计/元

表 3-8　措施项目预算表

名称：　　　　　　　　　　　　　　　　　　　　　　第　页　共　页

序号	项目名称	单位	数量	单价/元	合价/元
1	安全文明施工措施费	元			
1.1	综合脚手架（含安全网）	项	1		
1.2	内脚手架	项	1		
1.3	靠脚手架安全挡板和独立挡板	项	1		
1.4	围尼龙编织布	项	1		
1.5	模板的支撑	项	1		
1.6	现场围挡	项	1		
1.7	现场设置的卷扬机架	项	1		
1.8	文明施工与环境保护、临时设施、安全施工	项	1		
1.9	绿色施工安全防护措施费	项	1		
小计					
2	其他措施费	元			
2.1	文明工地增加费	项	1		
2.2	夜间施工增加费	项	1		
2.3	赶工措施费	项	1		
2.4	模板工程	项	1		
2.5	垂直运输工程	项	1		
2.6	材料二次运输	项	1		
2.7	成品保护工程	项	1		
2.8	混凝土泵送增加费	项	1		
2.9	大型机械设备进出场及安拆	项	1		
小计					
合计					

表 3–9　其他项目预算表

工程名称：　　　　　　　　　　　　　　　　　　　　　第 页 共 页

序号	项目名称	单位	合价 / 元	备注
1	暂列金额	项		
2	暂估价	项		
2.1	材料暂估价	项		
2.2	专业工程暂估价	项		
3	计日工	项		
4	总承包服务费	项		
5	预算包干费	项		
6	工程优质费	项		
7	概算幅度差	项		
8	现场签证费用	项		
9	索赔费用	项		
10	其他费用	项		
合计				

表 3–10　规费和税金项目预算表

工程名称：　　　　　　　　　　　　　　　　　　　　　第 页 共 页

序号	项目名称	基数说明	费率 /%	金额 / 元
1	增值税销项税额	税前工程造价		
…	…	…		
合计				

项目小结

本项目首先学习了建筑工程定额计价的基本概念，包括其定义、原理、编制内容和编制依据，让读者对定额计价有初步的认识；其次详细讲解了项目划分与工程计量的原则和方法，这是定额计价的关键步骤，影响着工程造价的准确性；再次深入探讨了定额套价与工程取费的具体操作和注意事项，使读者掌握如何根据定额进行费用计算；最后介绍了建筑工程施工图预算的相关知识，包括造价文件种类和预算书格式。通过本项目的学习，读者能够掌握建筑工程定额计价的全过程，学会运用定额进行工程计价，准确编制施工图预算，为建筑工程的造价管理提供重要的技能支持。

项 目 工 单

一、实训准备

选取一份完整的建筑工程施工图纸，准备相应的预算定额、费用定额，以及当地的人工、材料、机械台班价格信息。提供工程量计算表格、定额计价表等实训表格，以及计算器、计算机等计算工具。确保学生熟悉施工图纸的识读方法。

二、实训内容

学生根据施工图纸，按照定额计价的步骤进行操作。首先进行项目划分，列出分项工程项目清单；然后依据工程量计算规则计算各分项工程的实物工程量；接着套用定额基价，计算直接工程费；再根据费用定额计算间接费、利润和税金等各项费用；最后汇总得出单位工程的定额计价造价。完成计算后，各小组对计算结果进行核对和分析，讨论在定额计价过程中遇到的问题及解决方法。

三、分组讨论

以 3 ～ 5 人为一组，选出组长并进行任务分工，将小组成员及分工情况填入表 3–11 中。

表 3–11　小组成员及分工情况

班级：　　　　　　　　组号：　　　　　　　　指导教师：

小组成员	姓名	学号	任务分工
组长			
组员			

四、实施过程

按实际操作过程，将实施内容、遇到的问题及解决办法等记录于表 3–12 中。

表 3–12　工作实施过程记录表

序号	实施内容	遇到的问题及解决办法	结果

五、任务评价

各组展示任务完成情况，并完成考核评价表，见表 3–13。

表 3–13　考核评价表

项目名称	评价内容	满分 / 分	评分 / 分		
			自评	互评	师评
职业素养考核项目	考勤、纪律意识	10			
	团队交流与合作意识	10			
	参与主动性	10			
专业能力考核项目	积极参与教学活动并正确理解任务要求	10			
	认真查找与任务相关的资料	10			
	任务实施过程记录表的完成度	10			
	对建筑工程定额计价解析的了解程度	20			
	独立完成相应任务的程度	20			
合计		100			
总评	自评（20%）+ 互评（20%）+ 师评（60%）=	综合等级	指导教师（签名）：		

课 后 练 习

一、选择题

1. 定额计价模式下，计算分部分项工程费的公式为（　　）。

A.∑（分部分项工程量 × 综合单价）

B.∑（实体工程量 × 基价）

C.∑（分部分项工程量 × 预算定额基价）

D.∑（措施项目工程量 × 综合单价）

2. 在建筑工程定额计价中，工程取费的计费基础通常是（　　）。

A. 直接工程费

B. 人工费

C. 分部分项工程费

D. 定额分部分项工程费 + 价差 + 利润

3. 建筑工程施工图预算属于建设工程造价文件中的（　　）。

A. 投资估算

B. 设计概算

C. 施工阶段造价文件

D. 竣工阶段造价文件

二、填空题

1. 定额计价的编制步骤包括列出分项工程项目清单、计算工程量、选套定额基价、进行工程取费以及________。

2. 项目划分应遵循的原则包括项目名称完整准确简明、与预算定额子目规定一致以及________。

3. 建筑工程预算书一般由工程预算书封面、编制说明、建筑工程预算汇总表、分部分项工程预算表、措施项目预算表、其他项目预算表、工程量计算表和________等部分组成。

三、简答题

1. 简述定额计价的概念及原理。

2. 简述建筑工程定额计价中项目划分的方法及要点。

项目四

建筑装饰工程预算详解

项目导读

建筑装饰工程预算在整个装饰项目中起着至关重要的作用，它关乎着项目的成本控制、资金分配以及最终的经济效益。无论是小型家装还是大型商业装饰项目，准确的预算编制和严格的预算审查都是不可或缺的环节。那么，如何进行建筑装饰工程预算的编制？又该如何对预算进行有效的审查与审核呢？本项目将详细解答这些问题，带你全面了解建筑装饰工程预算的各个方面，包括预算的分类、作用、编制依据和步骤，以及预算审查与审核的方法和要点，帮助你掌握建筑装饰工程预算的核心技能。

学习目标

知识目标

1. 了解建筑装饰工程预算的分类、作用、编制依据和编制步骤。
2. 掌握预算审查与审核的方法和内容。

能力目标

1. 熟练运用编制依据进行预算编制。
2. 准确采用合适方法审查与审核预算。
3. 能分析并处理预算中的常见问题。

素质目标

1. 培养严谨的工作作风。
2. 提升沟通协调能力。
3. 增强对预算工作的全局把控能力。

思政目标

强化学生的职业道德，教育学生在预算工作中严守规范，维护各方合法权益，保障工程建设顺利进行。

任务一　建筑装饰工程预算内容剖析

任务描述

赵先生打算装修自己的新房，找了几家装修公司咨询。不同公司给出的预算报价差别很大，有的费用高得离谱，有的又低得让他心里没底。比如，一家公司给出的墙面装修的预算中，材料和人工费用的明细含糊不清。赵先生想知道这些预算是怎么来的，包含哪些内容，又该如何判断其合理性。接下来，将深入了解建筑装饰工程预算内容，帮赵先生解开疑惑。

任务分析

赵先生遇到的情况在装修中很常见，不同装修公司预算差异大且部分内容不清晰，这让消费者难以判断。需要学习建筑装饰工程预算的分类、作用、编制依据等内容，掌握判断预算合理性的方法，才能帮助赵先生分析各公司的预算报价，做出明智的选择。

任务实施

建筑装饰工程预算是在建筑装饰工程设计初期依据设计图纸、定额、指标以及其他工程费用定额等，对工程投资进行的概略计算。

建筑装饰工程预算不仅是编制固定资产投资计划、签订承发包合同、实行建设项目投资包干的依据，同时也是签订贷款合同、项目实施全过程造价控制管理以及考核项目经济合理性的有效依据。

一、建筑装饰工程预算分类

建筑装饰工程预算按照设计项目规模的不同可分为单位工程预算、单项工程综合预算以及建设项目总预算。此外，按照建筑装饰工程进展阶段的不同还可将预算分为建筑装饰工程前期造价预算、建筑装饰工程设计预算、建筑装饰工程施工图预算以及建筑装饰工程施工预算等。

（一）建筑装饰工程前期造价预算

建筑装饰工程前期造价预算是装饰工程设计任务书的一个重要组成部分，主要是通过分析建筑装饰工程的规模大小、甲方（业主方）选择材料的高低档次以及人工和单位面积等多方面的因素，来对整个建筑装饰项目进行的工程造价估算工作。

（二）建筑装饰工程设计预算

建筑装饰工程设计预算是设计文件中的主要部分，同时也是建筑装饰工程预算中必不可少的一部分，主要是指设计单位通过分析初步设计图纸、概算定额以及各项费用标准等相关资料，编制的施工项目从筹建到竣工交付使用所需费用的预算文件。

（三）建筑装饰工程施工图预算

建筑装饰工程施工图预算一般由施工单位编制，主要包括预算书封面、预算的编制说明、工程造价计算总表、施工措施费分项表、差价计算表以及单位工程预算表等（表 4–1 ～表 4–3）。建筑装饰工程施工图预算是在设计概算批准后，在施工图纸绘制完成的前提下，由施工单位根据施工图纸、现行预算定额、费用定额以及地区设备、材料、人工、机械等预算价格编制的关于建筑装饰工程造价的经济技术性费用文件。

表 4–1　施工措施费分项表（示例）

序号			1	2	3	4	5	…
定额编号			×–××	×–××	×–××	×–××	×–××	×–××
项目名称								
施工工程量		单位						
		数量						
定额直接费 / 元		综合单价						
		合价						
其中	人工费 / 元	单价						
		合价						
	材料费 / 元	单价						
		合价						
	机械费 / 元	单价						
		合价						
	管理费 / 元	单价						
		合价						
	利润 / 元	单价						
		合价						
综合工日	含量							
	合计							

表 4–2　差价计算表（示例）

序号	材料名称	单位	数量	预算价 / 元	市场价 / 元	差价 / 元	合计 / 元
1							
2							

续表

序号	材料名称	单位	数量	预算价 / 元	市场价 / 元	差价 / 元	合计 / 元
3							
4							
5							
…							

表 4-3 单位工程预算表（示例）

<table>
<tr><td colspan="2">序号</td><td>1</td><td>2</td><td>3</td><td>4</td><td>5</td><td>…</td></tr>
<tr><td colspan="2">定额编号</td><td>×—××</td><td>×—××</td><td>×—××</td><td>×—××</td><td>×—××</td><td rowspan="7">分部小计</td></tr>
<tr><td colspan="2">分部分项工程名称</td><td></td><td></td><td></td><td></td><td></td></tr>
<tr><td rowspan="2">施工工程量</td><td>计量单位</td><td></td><td></td><td></td><td></td><td></td></tr>
<tr><td>数量</td><td></td><td></td><td></td><td></td><td></td></tr>
<tr><td rowspan="7">基价 / 元</td><td>单价</td><td></td><td></td><td></td><td></td><td></td></tr>
<tr><td>合价</td><td></td><td></td><td></td><td></td><td></td></tr>
<tr><td>人工费 / 元</td><td></td><td></td><td></td><td></td><td></td></tr>
<tr><td>材料费 / 元</td><td></td><td></td><td></td><td></td><td></td><td></td></tr>
<tr><td>机械费 / 元</td><td></td><td></td><td></td><td></td><td></td><td></td></tr>
<tr><td>管理费 / 元</td><td></td><td></td><td></td><td></td><td></td><td></td></tr>
<tr><td>利润 / 元</td><td></td><td></td><td></td><td></td><td></td><td></td></tr>
</table>

（四）建筑装饰工程施工预算

建筑装饰工程施工预算是施工单位控制施工实际成本的有力依据，它是在施工单位签订合同之后，在建筑装饰工程施工前，以单位工程为对象的一种预算。建筑装饰工程施工预算主要根据施工图纸、施工定额和补充定额等计算出每一个单位工程或者各项施工段上每一部分需要的人工、材料和机械台班的消耗量以及相关的费用。

二、建筑装饰工程预算的作用

建筑装饰工程预算是编制施工工程计划的重要依据，其具体作用主要表现在以下几个方面。

（一）投资参考

（1）建筑装饰工程预算可以为建设项目、各单项工程及各单位工程获取投资资源提供有利依据，且按照规定报请有关部门或单位批准的建筑装饰工程初步设计及总预算，一经批准即作为建设项目静态总投资的最高限额，不得任意更改，必须更改时，也必须申报原审批部门（单位）批准。

（2）建筑装饰工程预算同时也是银行和金融机构进行拨款和贷款的强有力依据。银行可依据已经批准的建筑装饰工程预算和年度投资计划进行拨款和贷款，并对其严格实行监督控制。此外，对超出预算的部分，未经计划部门批准，银行不可自行追加拨款和贷款。

（3）建筑装饰工程预算还可用于投资包干参考。在进行预算包干时，单项建筑装饰工程综合预算及建设项目总预算是投资包干指标商定和确定的基础，且经过上级主管部门批准的设计预算或修正预算能够为主管单位和包干单位签订包干合同、控制包干数额提供数据化和科学化的依据。

（4）建筑装饰工程预算能够为投资计划的编制提供理论化的依据，建设部门可以依据经过批准的建筑装饰工程预算来编制建设项目年固定资产投资计划，并严格控制投资计划的实施。

（5）建筑装饰工程施工图阶段的预算不仅可以帮助建设项目确定投资额度，同时还能用于编制招标标底、投标报价和签订施工合同，对分时间阶段拨付工程款和办理工程结算也有很大的帮助。

（二）考核参考

（1）建筑装饰工程预算可以用于考核设计方案是否经济合理，同时也能将施工图预算控制在合适的范围内，设计单位还可以依据建筑装饰工程预算来提高建筑工程的设计质量和经济效果。

（2）建筑装饰工程预算能够考核建设成本，同时能控制建设项目的投资额度，避免额外的经济支出，这也能有效提高建筑装饰项目实施阶段工程管理和经济核算的水平。

（3）建筑装饰工程预算能衡量建筑装饰项目的成本与投资额度，也能比较准确地核算出施工单位的工程成本，以确保施工单位在保证工期和质量的情况下还能拥有合理的利润。此外，建筑装饰工程预算还能准确核算出建设单位的投资成本，以促成装饰工程合同的签订。

（三）指导性作用

（1）建筑装饰工程预算能够在保证建设工程质量的情况下有效地降低建设工程的装饰成本，也能有效地把控工程造价，监督工程施工进程。

（2）建筑装饰工程预算能指导建筑装饰施工单位（施工企业或称乙方）和建设单位（房主或称甲方）获取合理的利润，并控制好日常开支。

（3）建筑装饰工程预算能够指导建筑装饰施工单位签订合适、合理的工程合同，同时也能指导编制工程进展计划。

三、建筑装饰工程预算的编制依据

建筑装饰工程预算的编制依据是指编制装饰项目预算所需的一切基础资料，图 4-1 中已详细说明。

建筑装饰工程预算的编制依据
- 有关文件、合同、协议等
- 建筑装饰项目的技术复杂程度，以及新技术、专利使用情况等
- 建筑装饰项目所在地区的关的经济、人文等社会条件
- 建筑装饰项目所在地区有关的气候、水文、地质地貌等自然条件
- 建筑装饰项目的管理（含监理）、施工条件
- 建筑装饰项目涉及的设备、材料供应及价格
- 正常的施工组织设计
- 批准的可行性研究报告
- 建筑装饰工程设计工程量
- 建筑装饰项目涉及的预算指标或定额
- 国家有关法律、法规或规定
- 行业有关法律、法规或规定
- 地方政府有关法律、法规或规定
- 建筑装饰项目的资金筹措方式

图 4-1　建筑装饰工程预算的编制依据

任务二　建筑装饰工程预算编制要点

任务描述

小张的装修公司承接了一个店铺装修项目，在做预算编制时，团队成员发现困难重重。由于对施工现场情况了解不足，对材料市场价格波动掌握不及时，导致预算编制进度缓慢，而且初步的预算结果可能不准确。比如，原本计划使用的某种新型材料，因市场供应短缺价格大幅上涨。那么，如何才能做好建筑装饰工程预算编制工作呢？

任务分析

小张团队在预算编制中遇到的问题，反映出编制预算需要综合考虑多方面因素。需要学习预算编制的准备工作、编制步骤和内容，了解如何收集和分析市场信息，掌握施工现场情况，才能准确编制预算，避免出现类似小张团队的困境，提高预算编制的质量和效率。

任务实施

建筑装饰工程预算的编制需要参考建设项目的设计图纸以及相关的定额指标，为了更好地进行预算编制，应多收集建筑装饰工程的现场情况和市场信息，以便能及时分析，编

制出更具经济性的预算。

一、建筑装饰工程预算编制的准备工作

（一）研究招标文件

在正式编制建筑装饰工程预算之前，应当全面分析招标文件中涉及报价的部分，并提前拟定出招标答疑时必须提出的有关问题的提纲。

（二）熟悉设计图纸内容

熟悉建筑装饰工程中的各项施工图纸和配套使用的标准图纸，有助于更深入地了解设计意图，这也能帮助组织人员对其进行分析和深化，并在答疑会议上提出。

（三）准备相关资料

在正式编制建筑装饰工程预算之前，还需准备相关定额、指标等计价依据，法令性依据也必不可少，同时还需掌握建筑装饰工程的现场情况和市场信息。

（四）现场勘查

了解建筑装饰工程的施工地点以及施工现场情况能够帮助设计人员分析是否计取远地施工增加费，且通过了解施工现场的水源、电源及交通运输及其他的配套设施情况，也能方便依据实际情况计取其他相关费用。

（五）后期整理工作

在编制建筑装饰工程预算之前还需提前对工程预算进行项目列项，包括编制补充项目。

二、建筑装饰工程预算编制步骤

（一）确定工程量计算项目

确定工程量的计算项目首先要参考施工图纸和相关设计资料，同时依据相同分项工程内容或空间功能的形式列出全部需要编制预算的装饰工程项目，并从上而下进行分项工程量的计算（表 4–4、表 4–5）。

（二）套用定额或单位估价计算直接费

仔细确认各项工程的工程量，使用定额表或者单位估价表来计算直接费，将其所得数值记录在工程预算表中，并汇总为单位装饰工程直接费（表 4–6、表 4–7）。

表 4–4　按相同分项工程计算工程量（示例）

序号	分项工程名称	单位		工程量	工艺说明
一	墙面工程				
1	前厅墙面工程	m^2		×××	批灰，刷米色墙漆（3 遍）

续表

序号	分项工程名称	单位		工程量	工艺说明
2	等待区墙面工程	m^2		×××	批灰，刷米色墙漆（3 遍）
3	会议室墙面工程	m^2		×××	批灰，刷米色墙漆（3 遍）
4	办公区墙面工程	m^2		×××	批灰，刷米色墙漆（3 遍）
5	经理室墙面工程	m^2		×××	批灰，刷米色墙漆（3 遍）
6	休息室墙面工程	m^2		×××	批灰，刷米色墙漆（3 遍）
…					
二					
…					

表 4-5 按空间功能计算工程量（示例）

序号	分项工程名称	单位		工程量	工艺说明
一	前厅				
1	顶面工程	m^2		×××	轻钢龙骨，石膏板饰面
2	墙面工程	m^2		×××	批灰，刷米色墙漆（3 遍）
3	地面工程	m^2		×××	1∶3 水泥砂浆，铺 800 mm × 800 mm 地砖
…					
二					
…					

表 4-6 套用定额计算工程直接费（示例）

序号	定额编号	分项工程名称	工程		客额基价 / 元							
			定额单价	数量	定额基价	金额	人工费 / 元		材料费 / 元		机械费 / 元	
							单价	金额	单价	金额	单价	金额
1												
2												
3												
…												

表 4-7 单位估价计算工程直接费（示例）

序号	项目编号	分项工程名称	数量	单位	单价 / 元	合计	工艺说明
1							
2							
3							
…							

三、建筑装饰工程预算的编制内容

（一）建筑装饰工程总预算及单项工程综合预算的编制内容

建筑装饰工程总预算及单项工程综合预算的编制内容主要包括总预算表和预算编制总说明，其中总预算表中又包括应列入项目预算总投资中的费用、工程费用、其他费用以及预备费用（图 4–2）。部分需要说明项含义具体释义如下。

1. 建筑装饰工程概况

主要介绍建筑装饰工程的施工地点、设计规模、建设性质（新建、扩建或改建）、工程类别、建设起止时间（年限）、主要工程内容、主要工程量、主要工具设备及数量等。

2. 主要技术经济指标

一般指建筑装饰工程预算总投资、主要分项投资以及主要技术经济指标（主要单位工程投资指标）等。

3. 建筑装饰工程的主要资金来源

建筑装饰工程的主要资金来源有银行或金融机构贷款，也有国家建设部门自行拨款等，在编制建筑装饰工程预算时，需按照资金来源的不同渠道分别说明发生资产租赁的租赁方式及具体租金。

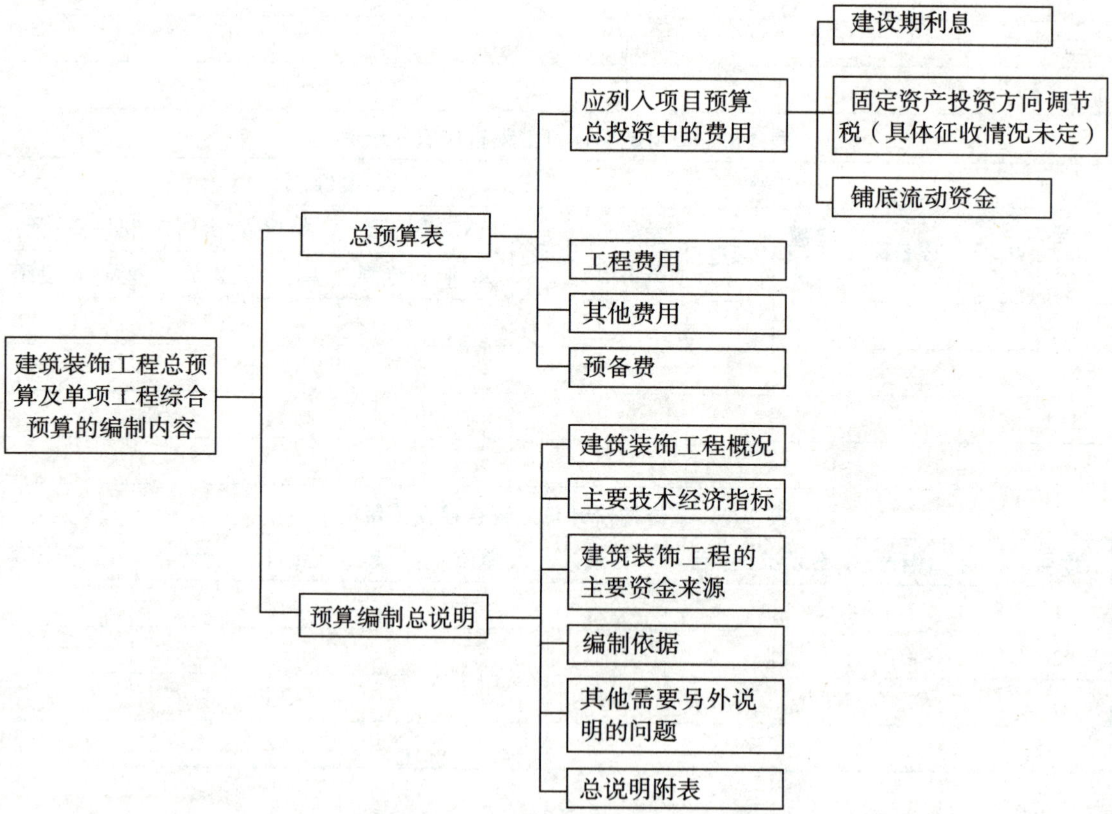

图 4–2　建筑装饰工程总预算及单项工程综合预算的编制内容

4. 总说明附表

总说明附表一般包括建筑、安装工程费用计价程序表、引进设备、材料清单及从属费用计算表以及具体建设项目预算要求的其他附表及附件等。

5. 工程费用

工程费用一般按照单项建筑装饰工程综合预算组成编制，并严格采用二级编制的方式进行单位工程的预算编制。

此外，在编制时还需注意，综合预算是以单项工程所属的单位工程预算为基础，采用“综合预算表”进行编制，分别按各单位工程预算汇总成若干个单项工程综合预算，且对单一的、具有独立性的单项工程建设项目，应严格按照二级编制形式编制，直接编制建筑装饰工程的总预算（表 4–8）。

表 4–8 综合预算表（示例）

序号	项目名称	单位	数量	相关材料	相关材料单价 / 元	人工单价 / 元	合计	备注
一								
1								
2								
3								
…								
二								
1								
2								
3								
…								
其他费用								
1	企业管理费							
2	规费	养老保险费						
		失业保险费						
		医疗保险费						
		生育保险费						
		工伤保险费						
		危险作业意外伤害保险费						
		住房公积金						
		工程排污费						
3	利润							
4	安全生产费							
5	税金							
6	安装工程费							
…								

注：具体表格样式可能有变化

（二）其他费用、预备费、专项费用预算的编制内容

其他费用、预备费、专项费用预算编制的内容较多。其中，预备费包括基本预备费和价差预备费，基本预备费一般以总预算的工程费用和其他费用之和为基数的百分比计算；专项费用则包括引进工程其他费用中的国外专业技术人员现场服务费以及出国人员旅费和生活费等。图 4–3 所示为一般建筑装饰工程其他费用。

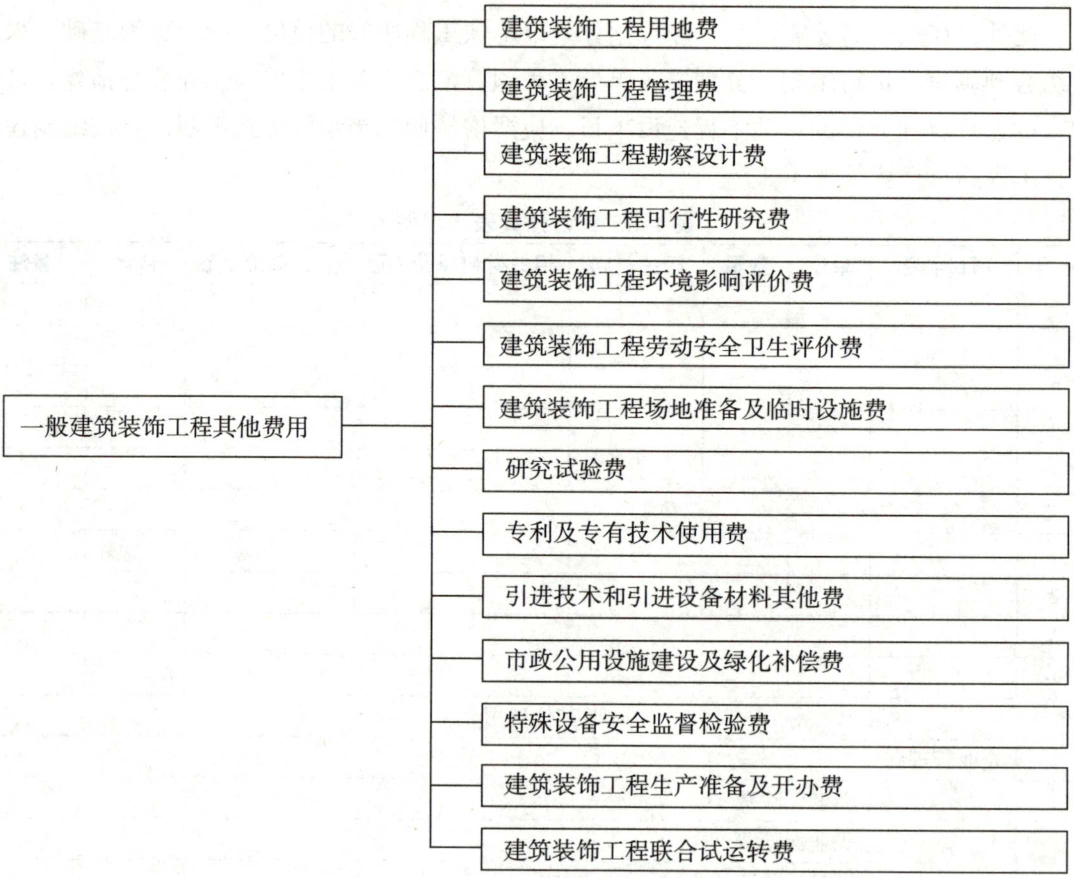

图 4–3　一般建筑装饰工程其他费用

在进行专利及专有技术使用费计算时，应按照专利使用许可协议和专有技术使用合同的规定来计算，且专有技术的界定应以省、部级鉴定批准为依据。此外，建筑装饰工程的投资一般只会计算需要在施工期间支付的专利及专有技术使用费，在协议或合同规定内产生的使用费则需要计算到生产成本中。

（三）设备及安装工程预算的编制内容

设备及安装工程预算的编制内容主要包括设备购置费和安装工程费、辅助材料费等的费用计算。

1. 设备购置费

设备购置费可分为非标准设备费和定型或成套设备费。

$$设备费 = \sum 综合单价（元/吨）\times 设备单重（吨）$$

$$定型或成套设备费 = 设备出厂价格 + 运输费 + 采购保管费$$

2. 安装工程费

安装工程费的计算方法可参考住房城乡建设部财政部《建筑安装工程费用项目组成》建标 44 号文件。

3. 辅助材料费

辅助材料费一般按照建筑装饰安装工程的预算定额（指标）来计算，主要材料的消耗量计算则是按照建筑装饰工程所在地的预算价格或市场价格计算。

需要明确的是，设备及安装工程预算多采用“设备及安装工程预算表”的形式呈现在大众面前，且一般按照构成单位工程的主要分部分项工程编制，具体数值的计算则是参考建筑装饰工程所在省、市、自治区颁发的预算定额（指标）或行业预算定额（指标）以及工程费用定额。此外，当建筑装饰工程预算定额或指标不能满足预算编制要求时，应编制“补充单位估价表”。

四、建筑装饰工程预算的调整

建筑装饰工程预算在经过建设部门批准后一般是不允许调整的，除非遇到特殊情况，如图 4–4 所示。此时，就需要建设单位调查、分析变更原因，申报主管部门审批同意后，再由原设计单位对其进行核实编制并调整。

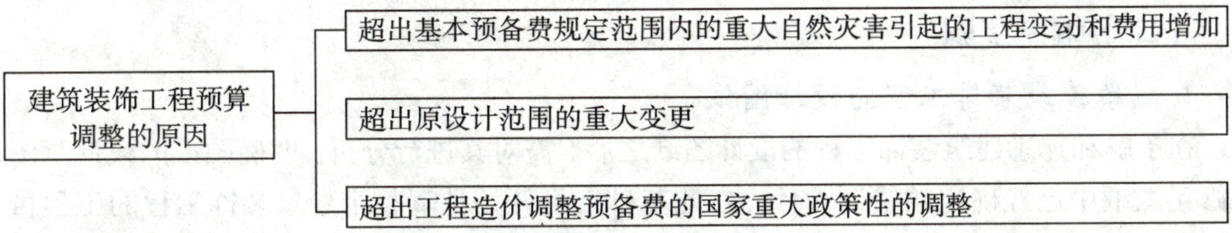

图 4–4　建筑装饰工程预算调整的原因

五、建筑装饰工程预算书的编制

（一）编制依据

扫一扫

施工预算编制

建筑装饰工程预算书在编制时需要参考大量的设计资料、经济资料，且预算书的编制内容也应当满足国家现行的相关规定（图 4–5）。

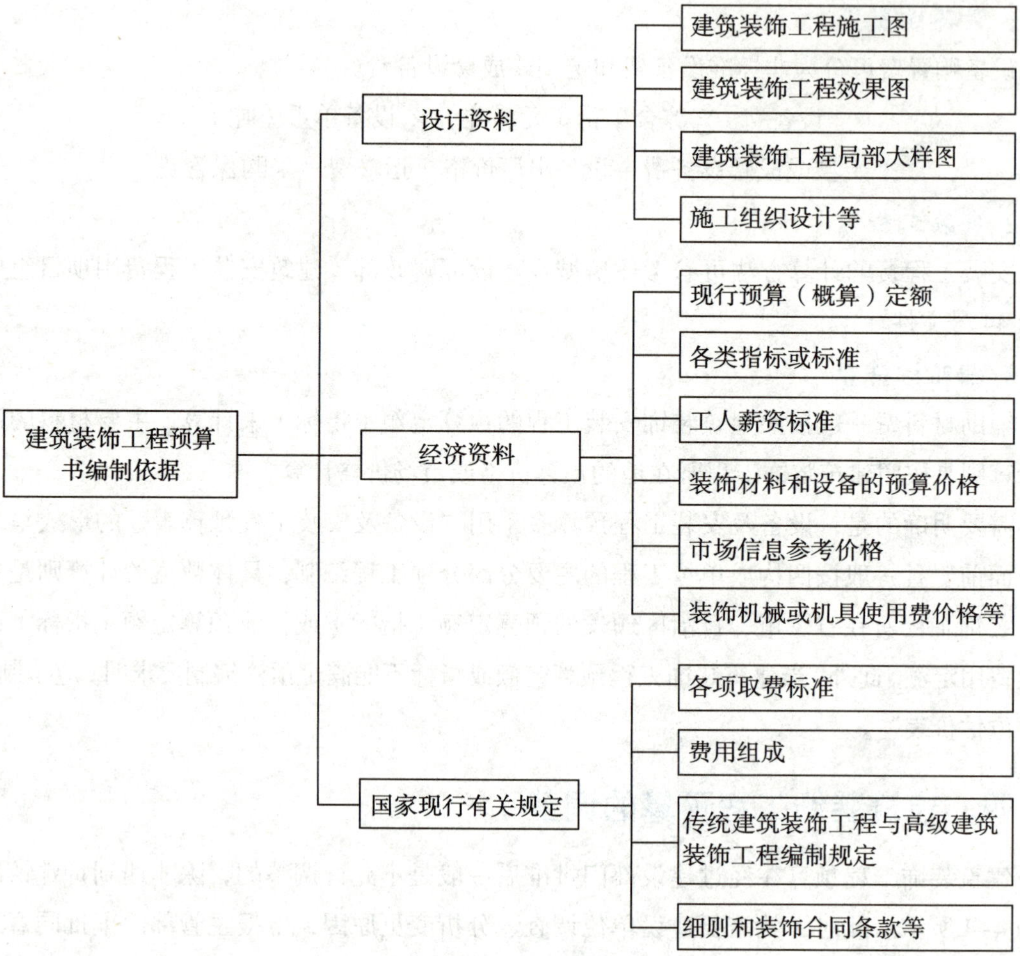

图 4–5　建筑装饰工程预算书编制依据

（二）编制步骤

1. 熟悉建筑装饰工程的设计图纸

在了解和熟悉建筑装饰工程的设计图纸之后，需对其进行分析，明确图纸的设计意图，并修正图纸中已经确定的错误设计，在此基础上可开始计算整个建筑装饰工程的工程量。依据工程量，对有关装饰预算定额、规定的分部分项装饰施工顺序以及装饰施工图立项，对建筑装饰工程预算定额的残缺部分进行核实、补充并立项说明（表 4–9）。

表 4–9　工程量计算表（示例）

工程名称		工程施工时间	开始时间	××××年××月××日	第　页
			结束时间	××××年××月××日	共　页
1	工程项目	单位	数量	计算方式	合计
2					
3					
…					

注：表中具体数值应遵守建筑装饰工程工程量的计算规则

2. 套用定额基价，填写预算表

在编制建筑装饰工程预算书时需依据预算定额基价，以确保最后得出的数值不出错，预算表中各项数值的计量单位也需满足预算定额规定（表 4–10）。

表 4–10　建筑装饰工程预算表（示例）

建设单位：								
单位工程名称：			建筑面积 /m²		第　页 ×××× 年 ×× 月 ×× 日 共　页			
序号	单位估价号	工程项目名称	单位	数量	预算		其中：人工	
					单价	合价	单价	合计
1								
2								
3								
…								

3. 计算小计金额

在建筑装饰工程预算表的基础上计算出各分部或分项的工程费用，其中包括人工费、材料费等合价小计，并进行汇总，汇总后计算出该分项工程的定额直接费，包括直接费中的人工费汇总，并列表记录（表 4–11）。

表 4–11　建筑装饰工程独立承包工程预算直接费汇总表（示例）

工程名称：						
序号	工程项目名称	直接费合计	其中			
			人工费 / 元	机械费 / 元	材料费 / 元	……
1						
2						
3						
…						
现场经费合计						
工程直接费合计						

4. 计算应取费用

完成单位装饰工程直接费计算后，就可以进行应取费用的计算。计算应取费用时应以之前计算好的人工费为基数，按照国家规定的现行的间接费费率计算出间接费，并将其列入建筑装饰工程的直接费总额项内，然后依次计算出以人工费为基数的利润额，将其纳入建筑装饰工程的间接费总额项下，以全部直接费、间接费以及利润之和为基数的税金额，并将其纳入建筑装饰工程的利润总金额项内。

5. 计算相关预算价值及技术经济指标

所计算的建筑装饰工程的直接费、间接费、利润以及税金等费用经过审核、复查后需要再次汇总，并以此为基础，综合整理，计算出建筑装饰工程的工程造价。此外，还需依据建筑装饰工程的造价和装饰面积计算出单方的造价，即技术经济指标以及建筑装饰面积，并将其填入预算表的表头或封面中。

6. 填写编制说明、封面

在确定建筑装饰工程预算后，还需编写编制说明，主要应注明在编制预算书的过程中应该做出的文字解释，编制所依据的装饰图纸，预算定额，取费定额及标准，计算材料差价的依据，编制补充单价的依据以及计算参考的基础资料和其他应注明的补充说明等（表 4–12）。

表 4–12　单独承包建筑装饰工程预算书封面格式（示例）

××× 建筑安装工程	
单独承包建筑装饰工程______预算书	
建设单位：______	
施工单位：______	
工程名称：______	
建筑装饰面积（m^2）：______	装饰工程结构：______
檐高（米）：______	工程地点：______
预算总价（元）：______	单方造价（元 / m^2）：______
建设单位：______	施工单位：______
（公章）	（公章）
负责人：______	审核人：______
	证号：______
经手人：______	制作人：______
	证号：______
开户银行：______	开户银行：______
×××× 年 ×× 月 ×× 日	×××× 年 ×× 月 ×× 日

7. 将预算装订签章成书

所有项目列清且相关费用计算清楚后即可将预算装订成书，后期建筑装饰工程的施工可依据此资料。成书过程中还需检查是否有漏项，并注意随时检查，以免出现纰漏，影响建筑装饰工程的施工进程。

拓展阅读

建筑装饰项目工程总预算书的组成

建筑装饰项目工程总预算书主要包括建筑装饰项目工程封面、建筑装饰项目工程总目录表、建筑装饰项目工程总说明表、建筑装饰项目工程总预算书、建筑装饰项目工程综合预算书、建筑装饰项目工程单位或部位装饰预算书、建筑装饰项目工程主要装饰设备、建筑装饰项目工程主要零部件以及建筑装饰项目工程材料用量表。

拓展阅读

建筑装饰工程设计预算文件的编制程序和质量控制

1. 参与编制的相关部门应一同制定编制原则及编制方法，并确定合理的预算投资水平，力求对建筑装饰工程的编制质量和投资水平负责。

2. 参与编制的相关人员应对建筑装饰工程的全部设计预算的质量负责，且在编制过程中，各方人员应积极参与编制讨论，相关工作人员也应树立以经济效益为中心的观念，严格按照国家规定的现行的，且经过批准的工程内容及投资额度设计，并提出合理的、能够满足预算文件编制深度的技术资料。

3. 编制文件结束后还应经过编制部门自审、建设单位（项目业主）复审以及工程造价主管部门审批等多项程序，以确保建筑装饰工程预算书的质量。

4. 参与编制的人员与参与审查的人员均必须具有国家注册造价工程师资格，或具有省市（行业）颁发的造价员资格证，并能依据建筑装饰工程项目的大小，按持证专业承担相应的编审工作。

任务三 建筑装饰工程预算审查与审核要点

任务描述

某学校进行校园翻新工程，工程结束后进行预算审查。学校发现施工方提交的预算中，部分项目存在重复计费的情况，比如一些装修材料在不同的施工环节被重复计算了费用。但施工方却坚称这些都是合理的费用。面对这种争议，该如何准确审查和审核建筑装饰工程预算，判断其是否合理呢？

任务分析

学校翻新工程预算审查中出现的争议，凸显了预算审查与审核工作的重要性。需要学习预算审查与审核的作用、形式、原则、依据、方法等内容，掌握判断预算合理性的技巧，才能在面对类似争议时，客观公正地审查和审核预算，维护各方的合法权益。

任务实施

审查，一般是指编制人员和编制单位对建筑装饰工程预算进行自审，而审核则是指授权单位以及造价工程师对建筑装饰工程预算进行审定确认，所有的建筑装饰工程预算必须经过审查和审核，且确定无误后才可使用。

一、审查、审核的作用

（1）对建筑装饰工程预算的审查与审核能够确认其工程量的计算是否准确，也能使预算充分且正确地反映建筑装饰工程造价，对于控制成本和投资额度有很大帮助。

（2）建筑装饰工程预算的审查与审核能有效防止任意扩大投资规模或故意压低投资，从而导致实际造价大幅度突破预算的现象发生。

二、审查、审核的形式

（一）独立审查与审核

独立审查与审核主要是指在建筑装饰工程预算完全编制好后，交由施工企业单独自审，确定没有任何错误后再移交建设单位进行再次审核。

（二）多方会审

多方会审是指由建设单位或业主、设计单位、施工单位、工程造价咨询单位或工程造价管理部门联合组成审查小组，对建筑装饰工程预算进行具体的会审工作，一般建筑工程较大的会采取此种形式进行审查。

（三）委托审查与审核

委托审查与审核是指由建设单位或业主将建筑装饰工程预算委托给具备审查与审核资格的单位或工程造价咨询部门进行项目的审查。

三、审查的原则

（1）重点审查、审核建筑装饰工程工程量的计算是否准确，工程计量单位是否正确等，只有审查好工程量的准确程度，建筑装饰工程的预算才能更具备科学性和准确性。

（2）熟悉建筑装饰工程设计图样、相关费用定额以及预算定额等，这样能保证建筑装饰工程预算在编制过程中不会有遗漏的项目，这也是对工程造价人员最基本的职业要求。

（3）掌握市场上建筑装饰材料的价格，一方面能控制建筑装饰预算不超出建设单位的最高经济限额；另一方面也能把握好工程造价的准确性。

（4）相关费用的计算规则要符合国家规定，建筑装饰工程各项费用的计算不仅要遵循国家费用定额和有关文件的规定，同时还需明确哪些费用该计算在内，哪些费用不该计算在内，并能够从根本上掌握工程费用计算的基本方法，确保建筑装饰工程预算的准确性。

四、审查、审核的依据

建筑装饰工程预算在进行审查和审核时必须要参考大量的资料，这样得出的预算才是最具有科学性和准确性的（图 4-6）。

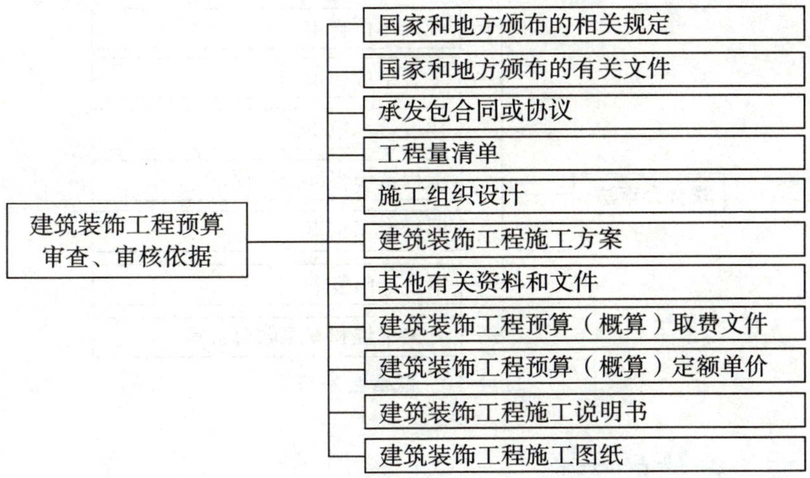

图 4-6　建筑装饰工程预算审查、审核依据

拓展阅读

材料预算价格的组成

建筑装饰材料预算价格的组成具体可参考图 4-7。

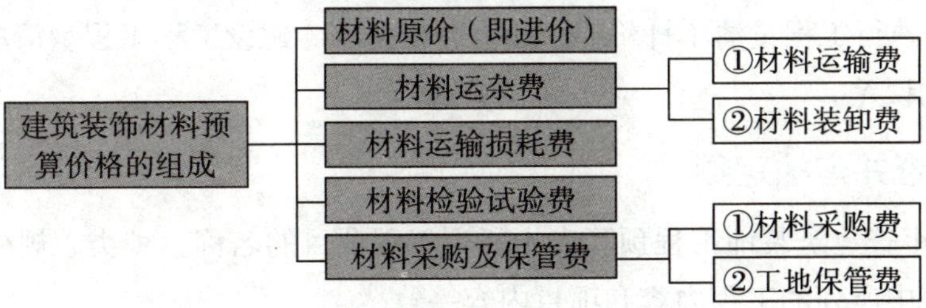

图 4-7　建筑装饰材料预算价格的组成

五、审查、审核的方法

在对建筑装饰工程预算进行审查与审核时，可以采取总面积法、定额项目分析法、对比分析法、指标分析法、查询核实法、联合会审法、难点项目审查与审核法、重点项目审查与审核法以及全面审查与审核法等方法（图 4-8 ～图 4-10 为部分审查与审核方法）。

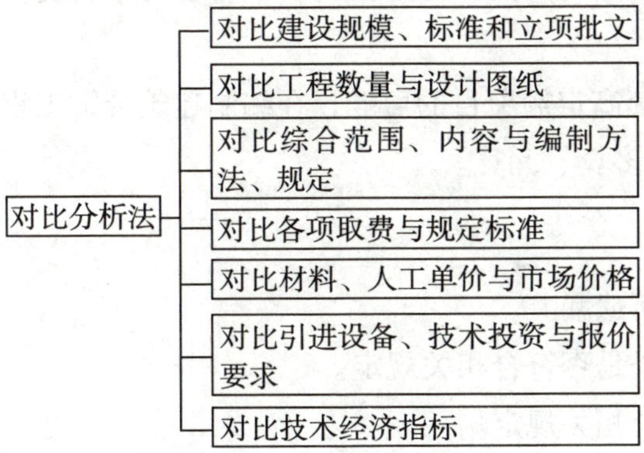

图 4-8　对比分析法

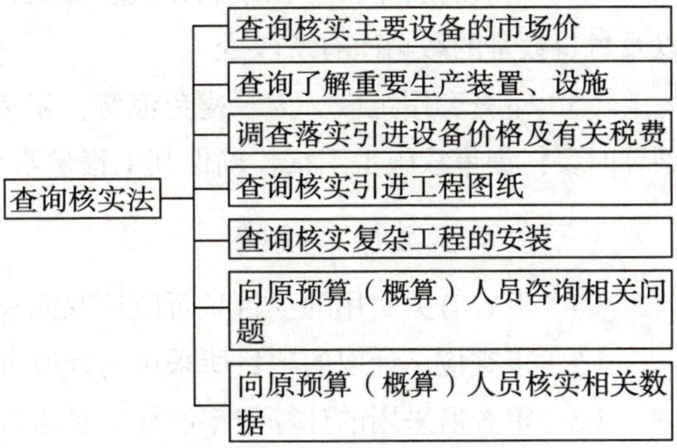

图 4-9　查询核实法

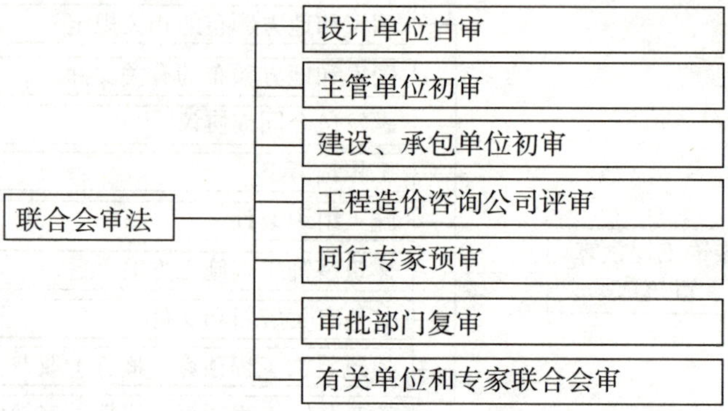

图 4-10　联合会审法

六、审查、审核的内容

（一）工程量审查与审核

在编制建筑装饰工程预算时要审查建筑装饰工程的工程量是否与相应定额项目的计量单位一致，所计算的工程量数值是否有差错，工程量计算方法是否与定额规定的计算方法一致。此外，在执行工程量清单计价时，还需严格遵守《建设工程工程量清单计价规范》，并确保无太大的误差。

（二）审查并审核定额

（1）注意审查建筑装饰工程预算表中所列工程项目的名称、种类、规格以及计量单位等是否与预算表中所列的工程内容和项目内容一致。

（2）审查定额单价。定额规定不能换算的单价，不能因强调建筑装饰工程的特殊性而随意换算，且对于定额规定可以换算的单价，则必须要审查换算的依据、方法是否符合定额规定和国家相关规定。

（3）审查是否有遗漏项。在补充缺项定额单价时，要注意审查建筑装饰工程施工过程中，人工、材料消耗量以及数量的来源，所定的单价也要接近市场价格。

（4）审查材料单价。在编制建筑装饰工程预算时要充分考虑到材料单价会受市场变化以及材料数量的影响而有所改变。

（5）审查套用定额。为了避免浪费，避免套高定额项目的可能，在编制建筑装饰工程预算时要仔细审核施工图纸，确保其工程量不会多算、漏算。

（三）审查其他直接费

（1）审查有关费用的项目是否应计取或有所遗漏。

（2）审查应该计取的项目所采用的计取方式是否符合相关规定。

（3）审查所采用的计算费率的标准是否符合相关规定。

（4）审查建筑装饰工程的间接费、利润和税金。

七、审查、审核的步骤

（一）收集相关资料

收集建筑装饰工程预算编制的相关资料，并熟悉送审预算的资料文件、施工图纸、承发包工程合同或协议书和施工组织设计、施工方案等文件。

（二）深入勘查现场

深入施工现场，将理论与实际相结合，充分了解建筑装饰工程施工现场的施工情况，如交通运输情况、材料堆放情况、周边环境、施工环境、施工条件以及工期要求等。

（三）开始审查与审核

审查并审核建筑装饰工程的相关数据，包括工程量计算、工程量计算单位、材料单价、人工单价以及定额基价等，并做好相关的记录工作。

（四）后期整理

审查结束后，注意分类整理，并送交送审单位、设计单位和有关部门交换意见。

（五）审查定案

经过多方会审，确定无误后即可交由审查单位编制成书面文件，并送交有关部门，以供其记录于册。

八、审查、审核过程中出现的问题

（一）工程量与实际不符

审查、审核过程中出现的工程量问题多体现在部分施工单位未按照设计图纸施工，且存在偷工减料、以劣代新的情况，在申报预算项目时也常常自行增项或多算工程量。此外，由于建筑装饰工程的设计图纸规范还不够完善，很多施工图纸上不能明确地将细节尺寸一一标明，这就造成了施工单位不能获取完整的施工数据，施工结果满足不了工程量的计算和工程审查的需要，以至于造成在审查预算时格外困难。

（二）价格问题

价格问题主要体现在工程定价不完善，估价随意，估价不能符合当前的市场价格，材料价格管理混乱，联系单随意变更等方面。

（三）收费问题

收费问题主要体现在收费重复，收费与实际市场价格不符以及收费与市场定额不符等方面。此外，部分施工单位还会套高定额，变相抬高造价以达到谋取利益的目的。

九、审查、审核的质量控制

要保证审查、审核的质量，可以针对性地采取相应的措施，具体可参考图 4-11。

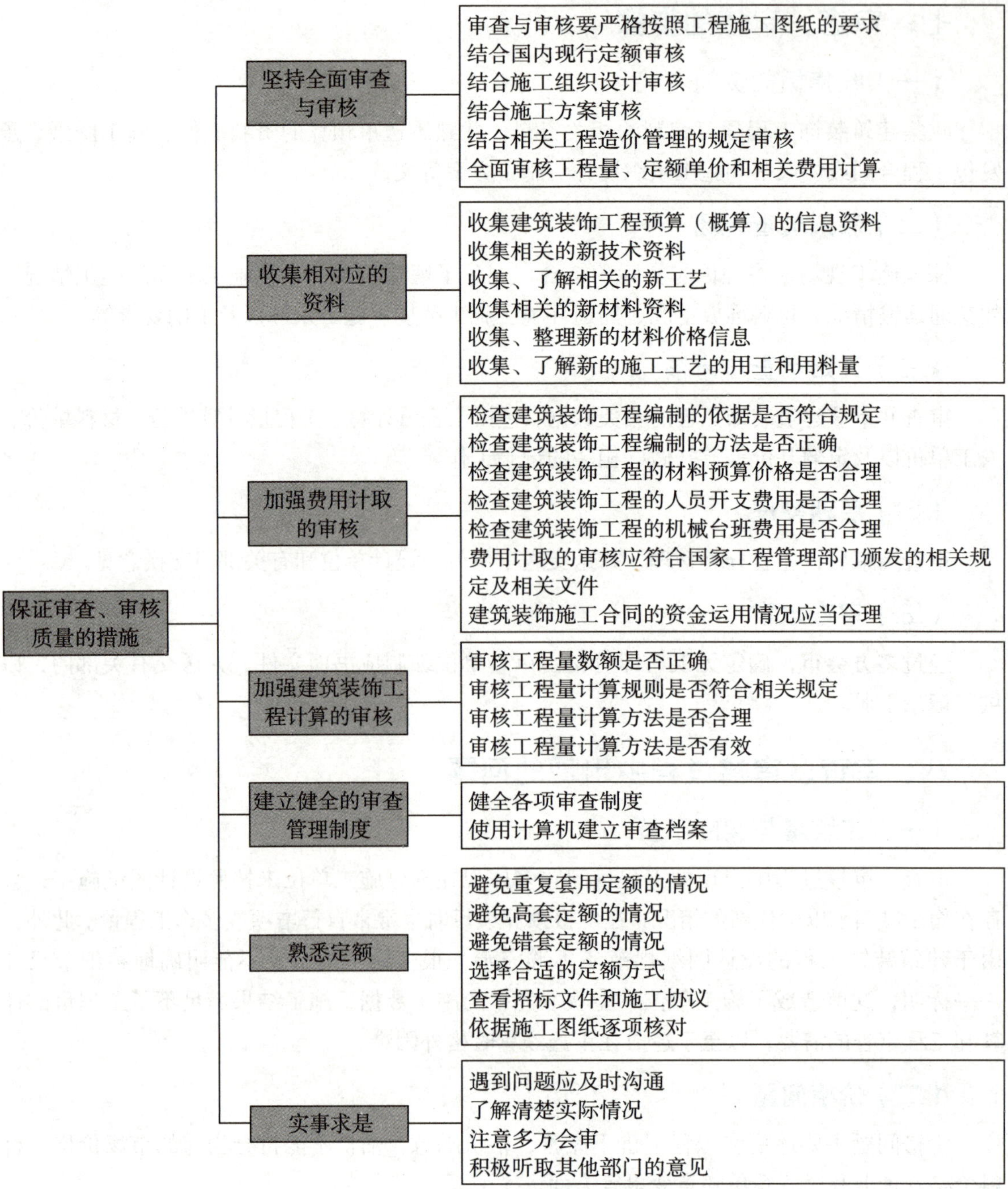

图 4-11　保证审查、审核质量的措施

拓展阅读

预算审查的阶段

建筑装饰工程预算审查可分为预算草案编制过程中的个别审查和国家预算草案编制完毕后的总体审查两个阶段。

任务四　建筑装饰工程施工图预算详解

任务描述

李女士承接了一个旧房改造项目，在依据施工图做预算时，她对一些装饰细节的预算计算不确定。比如，复杂的吊顶造型和特殊墙面装饰材料的费用计算，她不清楚该如何准确套用定额和确定价格。这让她担心预算出现偏差，影响项目成本控制。那么，建筑装饰工程施工图预算该如何准确编制呢？

任务分析

李女士在旧房改造项目中遇到的预算难题，体现了建筑装饰工程施工图预算编制的复杂性。需要学习施工图预算的概念、作用、编制依据、原则和表现形式等知识，掌握针对复杂装饰项目的预算计算方法，才能准确编制施工图预算，帮助李女士有效控制项目成本。

任务实施

一、装饰施工图预算的概念和作用

（一）装饰施工图预算的概念

装饰施工图预算是依据施工图纸、预算定额、取费标准等基础资料，按照一定的计价程序编制出来的确定装饰工程建设总造价的文件，它是设计文件的组成部分。

在定额计价模式下，施工图预算即单位工程预算，是在施工图设计完成后、工程开工前，根据已批准的施工图纸，在施工方案或施工组织设计已确定的前提下，按照国家或省市颁发的现行预算定额、费用标准、材料市场价格等有关规定，逐项进行工程量计算，套用相应定额，进行工料分析，计算人工费、材料费、机械费、管理费、规费、利润、税金等费用，从而确定的单位工程造价的技术经济文件。

（二）装饰施工图预算的作用

1. 编制施工计划的依据

施工图预算是施工单位编制施工计划的依据。装饰施工图预算是装饰企业正确编制施工计划、进行施工准备、组织材料进场的依据。装饰施工图预算所确定的人工、材料和机械台班等消耗量，可作为装饰企业编制施工组织计划、劳动力计划和材料需用量计划的依据。

2. 建设单位拨付工程价款的依据

装饰施工图预算是建设单位拨付工程价款的参考。

3. 确定招标控制价、投标报价的依据

装饰施工图预算是建设单位确定招标控制价的依据，是施工单位投标报价的参考，也是确定装饰工程合同造价、工程结算和工程决算的依据。

4. 控制投资、加强经济核算和施工管理的依据

装饰施工图预算是相关部门控制投资、加强经济核算和施工管理的依据。

5. 进行两算对比的依据

两算对比是指装饰施工图预算与施工预算的对比。通过两算对比分析，可以找出工程节约或超支的原因，防止人工、材料、机械台班消耗量及费用的超支，预防发生工程亏损。

二、装饰施工图预算的编制依据

（一）施工图纸

施工图纸是指经过会审的施工图，包括所附的文字说明、有关的通用图集和标准图集，以及施工图纸会审记录。它们规定了工程的具体内容、技术特征、建筑结构尺寸及装修做法等，因而是编制装饰施工图预算的重要依据之一。

（二）现行预算定额或地区单位估价表

现行的预算定额是编制预算的基础资料。编制工程预算，从分部分项工程项目的划分到工程量的计算，都必须以预算定额为依据。

地区单位估价表是根据现行预算定额、地区工人工资标准、机械台班使用定额和材料预算价格等进行编制的。它是预算定额在该地区的具体表现，也是该地区编制工程预算的基础资料。

（三）经过批准的施工组织设计或施工方案

施工组织设计或施工方案是建筑施工中的重要文件，它对工程施工方法、材料、构件的加工和堆放地点都有明确规定。这些资料直接影响工程量的计算和预算单价的套用。

（四）地区取费标准（或间接费定额）和有关动态调价文件

装饰施工图预算应按当地规定的费率及有关文件进行计算。

（五）工程施工合同（或协议书）和招标文件

工程施工合同（或协议书）和招标文件是双方必须遵守和履行的书面文字承诺。合同中有关预算的协议条款，也是编制装饰施工图预算的依据。

（六）最新市场材料价格

最新市场材料价格是进行价格动态调整的重要依据。

（七）预算工作手册

预算工作手册是将常用的数据、计算公式和系数等资料汇编成手册以便查用的工具，

可以加快工程量计算速度。

（八）有关部门批准的拟建工程概算文件

三、装饰施工图预算的编制原则

装饰施工图预算是施工企业与建设单位结算工程价款等经济活动的主要依据，是一项工程量大，政策性、技术性和时效性强的工作，编制时必须遵循以下原则。

（一）合法性原则

必须认真贯彻执行国家现行的法律、法规及地区的各种相关规定。

（二）市场性原则

定额有一定的滞后性，在进行装饰施工图预算的过程中，必须密切关注人、材、机等要素的市场信息，与市场紧密结合。

（三）真实性原则

必须认真负责、实事求是地计算工程造价，做到不高估、多算、重算，又不漏算、少算，必须深入调查和掌握施工现场的条件，做到工程量计算符合现场实际，正确套用定额。

四、装饰施工图预算的表现形式

（一）定额计价模式下装饰施工图预算的表现形式

定额计价模式下装饰施工图预算的编制表现形式为工料单价法。

分部分项工程量的单价为人工费、材料费、施工机具使用费之和。其计价过程是通过计算分部分项的工程量，再套用地区相应定额来计算，管理费、规费、利润、税金等按照有关费用定额的规定另行计算。

其基本思路是：首先根据所用预算定额的规定，按施工图纸计算出各实体与各非实体分项工程的工程量（即分部分项工程费、可量化的技术措施费），乘以相应定额基价，汇总相加，得到分部分项工程费和单价措施费；再根据各地规定的计价方法，计算出其余的措施费（总价措施费）、管理费、规费、利润及税金等费用，最后汇总即得到单位工程施工图预算造价。

其中，人工费、材料费、机械费的计算公式为

$$分部分项工程费=\sum（分部分项工程量\times 预算定额基价）$$

为了方便调整人工、材料、机械台班单价，以适应建筑市场价格波动的情况，通常采用动态调整的形式对其相应价格进行调整。

其基本过程是：首先根据施工图纸分别计算出分项工程量，然后套用相应预算人工、材料、机械台班的定额用量，再分别乘以工程所在地当时的人工、材料、机械台班的实际单价，求出单位工程的人工费、材料费和机械费，并汇总求和，进而求得总的分部分项工程费，然

后再按规定的费用定额计取其他各项费用，汇总后就可得出单位工程施工图预算造价。

分部分项工程费 =[∑（工程量 × 人工预算定额用量 × 当时当地人工单价）+
∑（工程量 × 材料预算定额用量 × 当时当地材料单价）+
∑（工程量 × 施工机械台班预算定额用量 × 当时当地机械台班单价）]

（二）清单计价模式下装饰施工图预算的表现形式

清单计价模式下装饰施工图预算的编制表现形式为综合单价法。

住房城乡建设部、财政部《关于印发〈建筑安装工程费用项目组成〉的通知》（建标〔2013〕44 号）明确规定了按照造价的形成划分的费用项目组成的内容，分别为分部分项工程费、措施项目费、其他项目费、规费、税金。因此，其具体表现形式有综合单价法。

分部分项工程综合单价为不完全费用单价，是指与某一计价定额分项工程相对应的综合单价，它等于该分项工程的人工费、材料费、施工机具使用费之和，再加上管理费、利润并考虑一定的风险因素，而得到的单价。

其基本思路是：一个清单项目是一个工程实体，而这个工程实体可能按照清单计价规范的规定是几个定额子目的和，因此在清单计价过程中需要将计算出来的定额子目工程量乘以定额消耗量，再乘以当时当地市场的人工单价、材料单价及机械台班单价，再加上一定的管理费和利润，并考虑风险因素，然后进行汇总，得到这个工程实体所对应的综合总价，最后除以该清单项目的工程量，计算出该清单项目的综合单价。综合单价法其实仍然是一种单价法，只不过表现形式不同而已。

综合单价的计算公式为

$$\text{分部分项工程量清单项目综合单价}=\frac{\sum\text{清单项目所含分项工程量}\times\text{分项工程综合单价}}{\text{清单项目工程量}}$$

一般定额计价模式下装饰施工图预算的编制常用工料单价法，清单计价模式下装饰施工图预算的编制常用综合单价法。

任务五 建筑装饰工程施工预算解读

任务描述

某装修团队承接了一项别墅装修工程，在施工过程中，他们发现实际使用的材料和人工数量远超施工预算。原本预计的材料用量因施工损耗估计不足而短缺，人工成本也因为施工进度安排不合理而增加。这使得项目成本大大超出预期，团队面临亏损风险。那么，如何才能编制出合理准确的建筑装饰工程施工预算，避免类似情况发生呢？

任务分析

该装修团队在别墅装修中遇到的成本超支问题，是由于施工预算编制不合理导致的。需要学习建筑装饰工程施工预算的内容、作用、编制原则、方法和步骤，掌握准确估算材料和人工用量的技巧，合理安排施工进度，才能编制出科学合理的施工预算，有效控制项目成本。

任务实施

施工预算是施工单位依据建筑装饰工程施工图纸、施工定额、施工及验收规范、标准图集以及施工组织设计（或施工方案）编制的单位工程（或分部分项工程）预算造价的经济文件。

一、施工预算的内容

建筑装饰工程施工预算包含的内容较多，主要包括以下几项：

（1）建筑装饰工程分层、分部位、分项工程的工程量指标。

（2）建筑装饰工程分层、分部位、分项工程所需的人工、材料以及机械台班消耗量指标。

（3）依据人工工种、材料种类以及机械类型分别计算的消耗总量。

（4）依据人工、材料和机械台班的消耗总量分别计算的人工费、材料费和机械台班费，以及按照建筑装饰工程分项工程和单位工程计算的直接费用。

二、施工预算的作用

建筑装饰工程施工预算的作用主要表现在以下几个方面：

（1）是施工企业编制施工计划、材料需用计划、劳动力使用计划，以及对外加工定货计划的重要依据，同时还是施工企业实行定额管理和计划管理的主要依据。

（2）是建设单位签发施工任务书，实行限额领料，实行班组经济核算以及奖励的重要依据。

（3）是建设单位检查和考核施工图预算编制是否正确的主要依据，同时建筑装饰工程施工预算也有助于控制成本，开展经济活动分析以及督促技术节约措施贯彻执行。

三、施工预算编制原则

（一）材料用量要考虑全面

在选择材料的用量时要考虑到材料的消耗量，同时编制施工预算所采用的材料单价需按照市场价确定，材料单价一般由材料管理部门提供，人工工日则需按照施工合同规定或现行的施工预算定额确定，人工单价（或劳务承包单价）按施工合同确定或按公司现行标准执行。此外，需注意的是，施工预算只编入直接费、现场管理费，间接费和税金等费用，不编入施工预算。

（二）与实际工程结合

建筑装饰工程施工预算在编制时应结合实际的工程具体情况，根据便于使用、便于管理的原则，按照专业的不同，系统的不同以及层、段的不同来进行具体的编制工作。在编制过程中需要明确的是，不同层段的施工预算可只编制标准层施工预算，但应在编制说明中注明相对应的适用范围。

（三）施工预算的项目应齐全

在编制建筑装饰工程施工预算时必须保证所列的项目无漏项，且在编制时分部要合理，列项要有序。

（四）运用制定的编制软件

建筑装饰工程施工预算应采用指定的概预算软件编制。

（五）相应价格和用量需统一

在编制建筑装饰工程施工预算时需要逐步统一建筑材料库、市场价格以及材料耗用量，并建立统一的施工预算编制体系，这也能为快速、准确、实际地编制建筑装饰工程施工预算提供有力依据。

（六）施工预算费用与技措费计划、降低成本计划相结合

在编制建筑装饰工程施工预算时要遵守相关的规定与标准，如标准人工定额消耗量、标准人工单价等，且施工预算的费用也需以技措费形式（超预算部分）或降低成本计划形式（低于预算部分），由项目部报公司进行审批。

四、施工预算编制方法

建筑装饰工程施工预算的编制方法主要有实物法、实物金额法和单位估价法三种。

（一）实物法

实物法是依据建筑装饰工程的施工图纸和施工定额，结合施工方案或施工组织设计确定的施工技术措施，一般在计算出工程量后，需要套用施工定额，结合相关资料，分析汇总人工和材料数量，但最终不会进行计价，只通过实物消耗数量来反映其经济效果。

（二）实物金额法

实物金额法是通过实物数量计算人工费、材料费和直接费的一种方法，在进行建筑装饰工程施工预算的编制时，主要依据实物法计算出人工和各种材料的消耗量，再分别乘以所在地区的工资标准和材料单价，以求出人工费、材料费和直接费，通过展示各项费用的金额数量来反映其经济效果。

（三）单位估价法

单位估价法主要是依据建筑装饰工程施工图纸和施工定额的有关规定，同时结合施工技术措施，列出工程项目，计算工程量，套用施工定额单价，逐项计算后汇总直接费，并分析汇总人工和主要材料消耗量，同时列出明细表，最后汇编成册。

五、施工预算编制步骤

建筑装饰工程施工预算编制时，可参考已会审的施工图纸、说明书以及施工方案，具体可按图 4-12 中的步骤编制。

- 建筑装饰工程施工预算编制步骤
  - 资料收集
    - 全套施工图纸
    - 经过批准的单位工程施工组织设计
    - 经过批准的施工方案
    - 经过批准的平面布置图
    - 工程项目所在地的现场情况
    - 施工现场的环境、地质、施工平面布置等有关情况
  - 熟悉资料
    - 熟悉施工图纸和会审记录
    - 熟悉施工组织设计
    - 熟悉施工方案
    - 了解所采取的施工方法和施工技术措施
    - 熟悉施工定额和工程量计算规则
    - 了解定额的项目划分、工作内容以及计量单位
    - 了解定额的有关附注说明
    - 了解施工定额与预算定额的异同点
  - 工程量计算
    - 施工项目列项
      - 按照施工定额项目列项
      - 按照施工顺序列项
    - 依据工程量计算规则计算
    - 复核施工工程量
  - 查套施工定额
    - 汇总工程量
    - 列表、查套施工定额
    - 定额工作内容必须与施工图纸的构造、做法相符合所列分项工程名称、内容和计量单位与所套定额项目的工作内容和计量单位一致
    - 工程内容和定额内容不一致，经允许后可调整换算定额
    - 对施工定额中的缺项，可借套其他类似定额或编制补充定额
    - 编制的补充定额，经权威部门批准后方可执行
    - 填写计量单位与工程数量时，注意采用定额单位以及与之相对应的工程数量
    - 填写工、料消耗指标时，人工部分应区别不同工种填写工、料消耗指标时，材料部分应区别不同品种、规格和计量单位，并分别进行填写
  - 分析工料与汇总
  - 计算费用
    - 计算人工费
    - 计算材料费
    - 计算机械费
  - 编写编制说明

图 4-12 建筑装饰工程施工预算编制步骤

拓展阅读

施工预算与施工图预算的区别

1. 适用对象不同。施工预算适用于施工企业，是施工企业控制实际施工成本的依据，一般在保证施工质量和施工工期的前提下，施工预算越小越好。施工图预算则适用于发包单位或业主，一般在各分项、分部工程量计算准确的情况下，施工图预算越大越好。

2. 工作量不同。任何一个建筑装饰工程都需要编制施工图预算，施工图预算所计算的数额是施工企业的项目承包收入。此外，相对于施工预算来说，施工图预算所要计算的工程量要多一些，审核流程也较之要多一些。

项目小结

本项目首先学习了建筑装饰工程预算的内容，包括预算的分类、作用和编制依据，让读者对建筑装饰工程预算有全面的了解；其次详细阐述了预算编制的流程，从准备工作到具体编制步骤，以及预算书的编制要点；再次深入探讨了预算审查与审核的各个环节，如审查的作用、形式、原则、依据、方法、内容、步骤以及质量控制等；最后介绍了装饰工程施工图预算和施工预算的相关知识。通过本项目的学习，读者能够熟练掌握建筑装饰工程预算的编制、审查与审核方法，理解施工图预算和施工预算的区别与联系，具备独立完成装饰工程预算工作的能力，为建筑装饰工程的成本控制和造价管理提供有力保障。

项 目 工 单

一、实训准备

提供一份详细的建筑装饰工程设计方案，包括效果图、施工图以及装饰材料清单。准备当地建筑装饰工程预算定额、费用标准以及市场价格信息。为每个小组配备打印好的预算编制表格，如工程量计算表、预算书等。

二、实训内容

各小组根据给定的装饰工程设计方案，进行建筑装饰工程预算的编制。从研究招标文件、熟悉设计图纸开始，进行现场勘查（可假设现场情况），准备相关资料。然后确定工程量计算项目，套用定额计算直接费，并计算其他费用，如措施项目费、其他项目费等。编制完成后，各小组对预算进行审查与审核，模拟与建设单位或审核部门沟通的场景，对预算进行调整。最后提交完整的建筑装饰工程预算书。

三、分组讨论

以 3 ~ 5 人为一组，选出组长并进行任务分工，将小组成员及分工情况填入表 4–13 中。

表 4–13 小组成员及分工情况

班级： 组号： 指导教师：

小组成员	姓名	学号	任务分工
组长			
组员			

四、实施过程

按实际操作过程，将实施内容、遇到的问题及解决办法等记录于表 4–14 中。

表 4–14 工作实施过程记录表

序号	实施内容	遇到的问题及解决办法	结果

五、任务评价

各组展示任务完成情况，并完成考核评价表，见表 4–15。

表 4–15 考核评价表

项目名称	评价内容	满分 / 分	评分 / 分		
			自评	互评	师评
职业素养考核项目	考勤、纪律意识	10			
	团队交流与合作意识	10			
	参与主动性	10			
专业能力考核项目	积极参与教学活动并正确理解任务要求	10			
	认真查找与任务相关的资料	10			
	任务实施过程记录表的完成度	10			
	对建筑装饰工程预算的了解程度	20			
	独立完成相应任务的程度	20			
合计		100			
总评	自评（20%）+ 互评（20%）+ 师评（60%）=	综合等级	指导教师（签名）：		

课后练习

一、选择题

1. 建筑装饰工程预算按照工程进展阶段分类，不包括以下哪种？（　　）

A. 建筑装饰工程前期造价预算

B. 建筑装饰工程设计预算

C. 建筑装饰工程投资预算

D. 建筑装饰工程施工图预算

2. 建筑装饰工程预算编制时，确定工程量计算项目应依据（　　）。

A. 施工图纸和相关设计资料

B. 施工人员经验

C. 市场材料价格

D. 建设单位要求

3. 审查建筑装饰工程预算时，不属于审查依据的是（　　）。

A. 国家和地方颁布的相关规定

B. 施工单位内部的预算定额

C. 建筑装饰工程施工图纸

D. 承发包合同或协议

二、填空题

1. 建筑装饰工程预算是编制固定资产投资计划、签订承发包合同、实行建设项目投资包干的依据，也是签订贷款合同、项目实施全过程造价控制管理以及________的有效依据。

2. 建筑装饰工程施工图预算一般由施工单位编制，在设计概算批准后，根据施工图纸、现行预算定额、费用定额以及地区设备、材料、人工、机械等预算价格编制，其主要包括预算书封面、预算的编制说明、工程造价计算总表、施工措施费分项表、差价计算表以及________等。

3. 建筑装饰工程预算审查、审核的形式包括独立审查与审核、多方会审以及________。

三、简答题

1. 简述建筑装饰工程预算的作用。

2. 简述建筑装饰工程预算编制的步骤。

项目五

建筑装饰工程计费解析

项目导读

在建筑装饰工程中，费用的计算与确定直接关系到项目的成本和利润，是工程各方关注的焦点。不同的计费模式会对工程造价产生不同的影响，如何选择合适的计费模式并准确计算各项费用呢？本项目将带你深入了解建筑装饰工程计费的奥秘。接下来将详细介绍建筑安装工程费用的组成、计算方法，以及定额计价和清单计价这两种常见模式下的计费程序。通过对比分析，帮助你清晰掌握不同计费模式的特点和应用场景，从而在实际工作中能够准确计算费用，合理控制成本，实现项目的经济效益最大化。

学习目标

知识目标

1. 掌握建筑安装工程费用的组成和计算方法。
2. 掌握定额计价和清单计价模式下的计费程序。

能力目标

1. 准确计算建筑安装工程各项费用。
2. 熟练运用两种计价模式进行计费。
3. 能对比分析不同计价模式的差异。

素质目标

1. 培养精确计算的能力。
2. 提高对计价模式的理解和应用能力。
3. 增强职业判断力。

思政目标

引导学生树立成本意识和经济意识，在计费工作中合理控制成本，提高资源利用效率，促进企业经济效益提升。

任务一　建筑安装工程费用构成解析

任务描述

小王的建筑公司承接了一个小型厂房的建设项目。在核算成本时，他对各项费用的分类和归属感到困惑。比如，施工人员的加班工资，他不确定该算在人工费里还是其他费用中；购买的新型建筑材料，运输过程中的损耗费用也不知该如何归类。这让他在做成本核算时十分头疼。建筑安装工程费用到底该如何准确划分呢？

任务分析

小王在核算小型厂房建设项目成本时遇到费用分类难题，这反映出建筑安装工程费用组成较为复杂。需要学习按费用构成要素和造价形成划分的各类费用项目，明确每项费用的定义和包含内容，才能帮助小王准确进行费用分类，做好成本核算工作。

任务实施

一、按费用构成要素划分建筑安装工程费用

建筑安装工程费用按照费用构成要素划分，可分为人工费、材料费（包含工程设备，下同）、施工机具使用费、企业管理费、利润、规费和税金（图 5–1）。其中人工费、材料费、施工机具使用费、企业管理费和利润包含在分部分项工程费、措施项目费、其他项目费中。

（一）人工费

人工费是指按工资总额构成规定，支付给从事建筑安装工程施工的生产工人和附属生产单位工人的各项费用。

1. 计时工资或计件工资

计时工资或计件工资是指按计时工资标准和工作时间或对已做工作按计件单价支付给个人的劳动报酬。

2. 奖金

奖金是指对超额劳动和增收节支支付给个人的劳动报酬，如节约奖、劳动竞赛奖等。

3. 津贴补贴

津贴补贴是指为了补偿职工特殊或额外的劳动消耗和其他特殊原因支付给个人的津贴，以及为了保证职工工资水平不受物价影响支付给个人的物价补贴，如流动施工津贴、特殊地区施工津贴、高温（寒）作业临时津贴、高空津贴等。

4. 加班加点工资

加班加点工资是指按规定支付的在法定节假日工作的加班工资和在法定日工作时间外延时工作的加点工资。

5. 特殊情况下支付的工资

特殊情况下支付的工资是指根据国家法律、法规和政策规定，因病、工伤、产假、计划生育假、婚丧假、事假、探亲假、定期休假、停工学习、执行国家或社会义务等原因按计时工资标准或计时工资标准的一定比例支付的工资。

- 建筑安装工程费用
  - 人工费
    - （1）计时工资或计件工资
    - （2）奖金
    - （3）津贴补贴
    - （4）加班加点工资
    - （5）特殊情况下支付的工资
  - 材料费
    - （1）材料原价
    - （2）运杂费
    - （3）运输损耗费
    - （4）采购及保管费
  - 施工机具使用费
    - （1）施工机械使用费
      - ① 折旧费
      - ② 大修理费
      - ③ 经常修理费
      - ④ 安拆费及场外运费
      - ⑤ 人工费
      - ⑥ 燃料动力费
      - ⑦ 税费
    - （2）仪器仪表使用费
  - 企业管理费
    - （1）管理人员工资
    - （2）办公费
    - （3）差旅交通费
    - （4）固定资产使用费
    - （5）工具用具使用费
    - （6）劳动保险和职工福利费
    - （7）劳动保护费
    - （8）检验试验费
    - （9）工会经费
    - （10）职工教育经费
    - （11）财产保险费
    - （12）财务费
    - （13）税金
    - （14）其他
  - 利润
  - 规费
    - （1）社会保险费
      - ① 养老保险费
      - ② 失业保险费
      - ③ 医疗保险费
      - ④ 生育保险费
      - ⑤ 工伤保险费
    - （2）住房公积金
  - 税金
    - 增值税

图 5-1　建筑安装工程费用项目组成（按费用构成要素划分）

（二）材料费

材料费是指施工过程中耗费的原材料、辅助材料、构配件、零件、半成品或成品、工程设备的费用。其内容包括以下几方面。

1. 材料原价

材料原价是指材料、工程设备的出厂价格或商家供应价格。

2. 运杂费

运杂费是指材料、工程设备自来源地运至工地仓库或指定堆放地点所发生的全部费用。

3. 运输损耗费

运输损耗费是指材料在运输装卸过程中不可避免的损耗。

4. 采购及保管费

采购及保管费是指为组织采购、供应和保管材料、工程设备的过程中所需要的各项费用，包括采购费、仓储费、工地保管费、仓储损耗费。

工程设备是指构成或计划构成永久工程一部分的机电设备、金属结构设备、仪器装置及其他类似的设备和装置。

（三）施工机具使用费

施工机具使用费是指施工作业所发生的施工机械、仪器仪表使用费或其租赁费。

1. 施工机械使用费

施工机械使用费以施工机械台班耗用量乘以施工机械台班单价表示，施工机械台班单价应由下列七项费用组成。

（1）折旧费

折旧费是指施工机械在规定的使用年限内，陆续收回其原值的费用。

（2）大修理费

大修理费是指施工机械按规定的大修理间隔台班进行必要的大修理，以恢复其正常功能所需的费用。

（3）经常修理费

经常修理费是指施工机械除大修理以外的各级保养和临时故障排除所需的费用，包括为保障机械正常运转所需替换设备与随机配备工具附具的摊销和维护费用、机械运转中日常保养所需润滑与擦拭的材料费用及机械停滞期间的维护和保养费用等。

（4）安拆费及场外运费

安拆费及场外运费安拆费是指施工机械（大型机械除外）在现场进行安装与拆卸所需的人工、材料、机械和试运转费用，以及机械辅助设施的折旧、搭设、拆除等费用；场外运费是指施工机械整体或分体自停放地点运至施工现场或由一施工地点运至另一施工地点的运输、装卸、辅助材料及架线等费用。

（5）人工费

人工费是指机上司机（司炉）和其他操作人员的人工费。

（6）燃料动力费

燃料动力费是指施工机械在运转作业中所消耗的各种燃料及水、电等费用。

（7）税费

税费是指施工机械按照国家规定应缴纳的车船使用税、保险费及年检费等。

2. 仪器仪表使用费

仪器仪表使用费是指工程施工所需使用的仪器仪表的摊销及维修费用。

（四）企业管理费

企业管理费是指建筑安装企业组织施工生产和经营管理所需的费用，包括以下内容。

1. 管理人员工资

管理人员工资是指按规定支付给管理人员的计时工资、奖金、津贴补贴、加班加点工资及特殊情况下支付的工资等。

2. 办公费

办公费是指企业管理办公用的文具、纸张、账表、印刷、邮电、书报、办公软件、现场监控、会议、水电、烧水和集体取暖降温（包括现场临时宿舍取暖降温）等费用。

3. 差旅交通费

差旅交通费是指职工因公出差、调动工作的差旅费、住勤补助费，市内交通费和误餐补助费，职工探亲路费，劳动力招募费，职工退休、退职一次性路费，工伤人员就医路费，工地转移费及管理部门使用的交通工具的油料、燃料等费用。

4. 固定资产使用费

固定资产使用费是指管理和试验部门及附属生产单位使用的属于固定资产的房屋、设备、仪器等的折旧、大修、维修或租赁费。

5. 工具用具使用费

工具用具使用费是指企业施工生产和管理使用的不属于固定资产的工具、器具、家具、交通工具和检验、试验、测绘、消防用具等的购置、维修和摊销费。

6. 劳动保险和职工福利费

劳动保险和职工福利费是指由企业支付的职工退职金、按规定支付给离休干部的经费、集体福利费、夏季防暑降温补贴、冬季取暖补贴、上下班交通补贴等。

7. 劳动保护费

劳动保护费是指企业按规定发放的劳动保护用品的支出，如工作服、手套、防暑降温饮料及在有碍身体健康的环境中施工的保健费用等。

8. 检验试验费

检验试验费是指施工企业按照有关标准规定，对建筑及材料、构件和建筑安装物进行一般鉴定、检查所发生的费用，包括自设实验室进行试验所耗用的材料等费用，不包括新结构、新材料的试验费，对构件做破坏性试验及其他特殊要求检验试验的费用和建设单位委托检测机构进行检测的费用，对此类检测发生的费用，由建设单位在工程建设其他费用中列支。但对施工企业提供的具有合格证明的材料进行检测不合格的，该检测费用由施工企业支付。

9. 工会经费

工会经费是指企业按《中华人民共和国工会法》规定的全部职工工资总额比例计提的工会经费。

10. 职工教育经费

职工教育经费是指按职工工资总额的规定比例计提，企业为职工进行专业技术和职业技能培训，如专业技术人员继续教育、职工职业技能鉴定、职业资格认定及根据需要对职工进行各类文化教育所发生的费用。

11. 财产保险费

财产保险费是指施工管理用财产、车辆等的保险费用。

12. 财务费

财务费是指企业为施工生产筹集资金或提供预付款担保、履约担保、职工工资支付担保等所发生的各种费用。

13. 税金

税金是指企业按规定缴纳的房产税、车船使用税、土地使用税、印花税等。

14. 其他

其他包括技术转让费、技术开发费、投标费、业务招待费、绿化费、广告费、公证费、法律顾问费、审计费、咨询费、保险费等。

（五）利润

利润是指施工企业完成所承包工程获得的盈利。

（六）规费

规费是指按国家法律、法规规定，由省级政府和省级有关权力部门规定必须缴纳或计取的费用，包括以下内容。

1. 社会保险费

（1）养老保险费：是指企业按照规定标准为职工缴纳的基本养老保险费。

（2）失业保险费：是指企业按照规定标准为职工缴纳的失业保险费。

（3）医疗保险费：是指企业按照规定标准为职工缴纳的基本医疗保险费。

（4）生育保险费：是指企业按照规定标准为职工缴纳的生育保险费。

（5）工伤保险费：是指企业按照规定标准为职工缴纳的工伤保险费。

2. 住房公积金

住房公积金是指企业按规定标准为职工缴纳的住房公积金。

其他应列而未列入的规费，按实际发生计取。

（七）税金

税金是指国家税法规定的应计入建筑安装工程造价内的营业税、城市维护建设税、教育费附加和地方教育附加。

二、按造价形成划分建筑安装工程费用

建筑安装工程费用（图 5–2）按照造价形成划分，可分为分部分项工程费、措施项目费、其他项目费、规费、税金。其中分部分项工程费、措施项目费、其他项目费包含人工费、材料费、施工机具使用费、企业管理费和利润。

（一）分部分项工程费

分部分项工程费是指各专业工程的分部分项工程应予列支的各项费用。

1. 专业工程

专业工程是指按现行国家计量规范划分的房屋建筑与装饰工程、仿古建筑工程、通用安装工程、市政工程、园林绿化工程、矿山工程、构筑物工程、城市轨道交通工程、爆破工程等各类工程。

2. 分部分项工程

分部分项工程是指按现行国家计量规范对各行各业工程划分的项目，如房屋建筑与装饰工程划分的土石方工程、桩基工程、砌筑工程、钢筋及钢筋混凝土工程等。

（二）措施项目费

措施项目费是指为完成建设工程施工，发生于该工程施工前和施工过程中的技术、生活、安全、环境保护等方面的费用，具体包括以下内容。

1. 安全文明施工费

（1）环境保护费：是指施工现场为达到环保部门要求所需要的各项费用。

（2）文明施工费：是指施工现场文明施工所需要的各项费用。

（3）安全施工费：是指施工现场安全施工所需要的各项费用。

（4）临时设施费：是指施工企业为进行建设工程施工所必须搭设的生活和生产用的临时建筑物、构筑物和其他临时设施费用，包括临时设施的搭设、维修、拆除、清理费或摊销费等。

2. 夜间施工增加费

夜间施工增加费是指因夜间施工所发生的夜班补助费、夜间施工降效、夜间施工照明

设备摊销及照明用电等费用。

3. 二次搬运费

二次搬运费是指因施工场地条件限制而发生的材料、构配件、半成品等一次运输不能到达堆放地点，必须进行二次或多次搬运所发生的费用。

4. 冬雨季施工增加费

冬雨季施工增加费是指在冬季或雨季施工需增加的临时设施、防滑设施、排除雨雪设施，人工及施工机械效率降低等费用。

5. 已完工程及设备保护费

已完工程及设备保护费是指竣工验收前，对已完工程及设备采取的必要保护措施所发生的费用。

- 建筑安装工程费用
  - 分部分项工程费
    - （1）房屋建筑与装饰工程
      - ①土石方工程
      - ②桩基工程
      - ……
    - （2）仿古建筑工程
    - （3）通用安装工程
    - （4）市政工程
    - （5）园林绿化工程
    - （6）矿工工程
    - （7）构筑物工程
    - （8）城市轨道交通工程
    - （9）爆破工程
    - ……
  - 措施项目费
    - （1）安全文明施工费
    - （2）夜间施工增加费
    - （3）二次搬运费
    - （4）冬雨季施工增加费
    - （5）已完工程及设备保护费
    - （6）工程定位复测费
    - （7）特殊地区施工增加费
    - （8）大型机械进出场及安拆费
    - （9）脚手架工程费
    - ……
  - 其他项目费
    - （1）暂列金额
    - （2）计日工
    - （3）总承包服务费
    - ……
  - 规费
    - （1）社会保险费
      - ①养老保险费
      - ②失业保险费
      - ③医疗保险费
      - ④生育保险费
      - ⑤工伤保险费
    - （2）住房公积金
    - （3）工程排污费
  - 税金
    - 增值税

图 5-2　建筑安装工程费用项目组成（按造价形成划分）

6. 工程定位复测费

工程定位复测费是指工程施工过程中进行全部施工测量放线和复测工作的费用。

7. 特殊地区施工增加费

特殊地区施工增加费是指工程在沙漠或其边缘地区、高海拔、高寒、原始森林等特殊地区施工增加的费用。

8. 大型机械设备进出场及安拆费

大型机械设备进出场及安拆费是指机械整体或分体自停放场地运至施工现场或由一个施工地点运至另一个施工地点，所发生的机械进出场运输及转移费用，以及机械在施工现场进行安装和拆卸所需的人工费、材料费、机械费、试运转费和安装所需的辅助设施的费用。

9. 脚手架工程费

脚手架工程费是指施工需要的各种脚手架搭、拆、运输费用及脚手架购置费的摊销（或租赁）费用。

措施项目及其包含的内容详见各类专业工程的现行国家或行业计量规范。

（三）其他项目费

1. 暂列金额

暂列金额是指建设单位在工程量清单中暂定并包括在工程合同价款中的一笔款项。用于施工合同签订时尚未确定或不可预见的所需材料、工程设备、服务的采购，施工中可能发生的工程变更、合同约定调整因素出现时的工程价款调整及发生的索赔、现场签证确认等的费用。

2. 计日工

计日工是指在施工过程中，施工企业完成建设单位提出的施工图纸以外的零星项目或工作所需的费用。

3. 总承包服务费

总承包服务费是指总承包人为配合、协调建设单位进行的专业工程发包，对建设单位自行采购的材料、工程设备等进行保管，以及施工现场管理、竣工资料汇总整理等服务所需的费用。

三、建筑安装工程费用参考计算方法

（一）各费用构成要素参考计算方法

1. 人工费

（1）公式 1

$$\text{人工费}=\sum(\text{工日消耗量}\times\text{日工资单价})$$

$$=\frac{\text{生产工人平均月工资（计时、计价）+平均月（奖金+津贴补贴+特殊情况下支付的工资）}}{\text{年平均每月法定工作日}}$$

注：公式 1 主要适用于施工企业投标报价时自主确定人工费，也是工程造价管理机构编制计价定额确定定额人工单价或发布人工成本信息的参考依据。

（2）公式2

人工费=∑（工程工日消耗量 × 日工资单价）

日工资单价是指施工企业平均技术熟练程度的生产工人在每工作日（国家法定工作时间内）按规定从事施工作业应得的日工资总额。

工程造价管理机构确定日工资单价应通过市场调查、根据工程项目的技术要求、参考实物工程量人工单价综合分析确定，最低日工资单价不得低于工程所在地人力资源和社会保障部门所发布的最低工资标准的：普工 1.3 倍、一般技工 2 倍、高级技工 3 倍。

工程计价定额不可只列一个综合工日单价，应根据工程项目技术要求和工种差别适当划分多种日人工单价，确保各分部工程人工费的合理构成。

注：公式2适用于工程造价管理机构编制计价定额确定定额人工费，是施工企业投标报价的参考依据。

2. 材料费和工程设备费

（1）材料费

材料费=∑（材料消耗量 × 材料单价）

材料单价={（材料原价＋运杂费）×[1+ 运输损耗率（%）]}×[1+ 采购及保管费率（%）]

（2）工程设备费

工程设备费=∑（工程设备量 × 工程设备单价）

工程设备单价=（设备原价＋运杂费）×[1+ 采购及保管费率（%）]

3. 施工机具使用费

（1）施工机械使用费

施工机械使用费=∑（施工机械台班消耗量 × 机械台班单价）

机械台班单价＝台班折旧费＋台班大修费＋台班经常修理费＋台班安拆费及场外运费＋台班人工费＋台班燃料动力费＋台班车船税费

注：工程造价管理机构在确定计价定额中的施工机械使用费时，应根据《建筑施工机械台班费用计算规则》结合市场调查编制施工机械台班单价。施工企业可以参考工程造价管理机构发布的台班单价，自主确定施工机械使用费的报价，如租赁施工机械，公式为

施工机械使用费=∑（施工机械台班消耗量 × 机械台班租赁单价）

（2）仪器仪表使用费

仪器仪表使用费＝工程使用的仪器仪表摊销费＋维修费

4. 企业管理费费率

（1）以分部分项工程费为计算基础

$$\text{企业管理费费率（\%）}=\frac{\text{生产工人年平均管理费}}{\text{年有效施工天数}\times\text{人工单价}}\times\text{人工费占分部分项工程费比例（\%）}$$

（2）以人工费和机械费合计为计算基础

$$企业管理费费率（\%）=\frac{生产工人年平均管理费}{年有效施工天数\times（人工单价+每一工日机械使用费}\times 100\%$$

（3）以人工费为计算基础

$$企业管理费费率（\%）=\frac{生产工人年平均管理费}{年有效施工天数\times 人工单价}\times 100\%$$

注：上述公式适用于施工企业投标报价时自主确定管理费，是工程造价管理机构编制计价定额确定企业管理费的参考依据。

工程造价管理机构在确定计价定额中的企业管理费时，应以定额人工费或（定额人工费＋定额机械费）作为计算基数，其费率根据历年工程造价积累的资料，辅以调查数据确定，列入分部分项工程和措施项目中。

5. 利润

（1）施工企业根据企业自身需求并结合建筑市场实际自主确定，列入报价中。

（2）工程造价管理机构在确定计价定额中的利润时，应以定额人工费或（定额人工费＋定额机械费）作为计算基数，其费率根据历年工程造价积累的资料，并结合建筑市场实际确定，以单位（单项）工程测算，利润在税前建筑安装工程费的比重可按不低于5%且不高于7%的费率计算。利润应列入分部分项工程和措施项目中。

6. 规费

社会保险费和住房公积金应以定额人工费为计算基础，根据工程所在地省、自治区、直辖市或行业建设主管部门规定费率计算。

社会保险费和住房公积金=∑（工程定额人工费 × 社会保险费和住房公积金费率）

式中，社会保险费和住房公积金费率可以每万元发承包价的生产工人人工费和管理人员工资含量与工程所在地规定的缴纳标准综合分析取定。

7. 税金

税金计算公式如下：

$$税金=税前造价\times 综合税率（\%）$$

综合税率计算公式如下。

（1）纳税地点在市区的企业

$$综合税率（\%）=\frac{1}{1-3\%-(3\%\times 7\%)-(3\%\times 3\%)-(3\%\times 2\%)}-1$$

（2）纳税地点在县城、镇的企业

$$综合税率（\%）=\frac{1}{1-3\%-(3\%\times 5\%)-(3\%\times 3\%)-(3\%\times 2\%)}-1$$

（3）纳税地点不在市区、县城、镇的企业

$$综合税率（\%）=\frac{1}{1-3\%-(3\%\times1\%)-(3\%\times3\%)-(3\%\times2\%)}-1$$

（4）实行营业税改增值税的，按纳税地点现行税率计算

（二）建筑安装工程计价参考公式

1. 分部分项工程费

分部分项工程费 =∑（分部分项工程量 × 综合单价）

式中，综合单价包括人工费、材料费、施工机具使用费、企业管理费和利润，以及一定范围的风险费用（下同）。

2. 措施项目费

国家计量规范规定应予计量的措施项目，计算公式如下：

措施项目费 =∑（措施项目工程量 × 综合单价）

国家计量规范规定不宜计量的措施项目，计算方法如下。

（1）安全文明施工费

安全文明施工费 = 计算基数 × 安全文明施工费费率（%）

式中，计算基数应为定额基价（定额分部分项工程费 + 定额中可以计量的措施项目费）、定额人工费或（定额人工费 + 定额机械费），其费率由工程造价管理机构根据各专业工程的特点综合确定（下同）。

（2）夜间施工增加费

夜间施工增加费 = 计算基数 × 夜间施工增加费费率（%）

（3）二次搬运费

二次搬运费 = 计算基数 × 二次搬运费费率（%）

（4）冬雨季施工增加费

冬雨季施工增加费 = 计算基数 × 冬雨季施工增加费费率（%）

（5）已完工程及设备保护费

已完工程及设备保护费 = 计算基数 × 已完工程及设备保护费费率（%）

上述（2）～（5）项措施项目的计费基数应为定额人工费或（定额人工费 + 定额机械费），其费率由工程造价管理机构根据各专业工程特点和调查资料综合分析后确定。

3. 其他项目费

（1）暂列金额由建设单位根据工程特点，按有关计价规定估算，施工过程中由建设单位掌握使用、扣除合同价款调整后如有余额，归建设单位。

（2）计日工由建设单位和施工企业按施工过程中的签证计价。

（3）总承包服务费由建设单位在招标控制价中根据总包服务范围和有关计价规定编制，施工企业投标时自主报价，施工过程中按签约合同价执行。

（4）规费和税金

建设单位和施工企业均应按照省、自治区、直辖市或行业建设主管部门发布标准计算规费和税金，不得作为竞争性费用。

（三）相关问题的说明

（1）各专业工程计价定额的编制及其计价程序，均按建标〔2013〕44号文实施。

（2）各专业工程计价定额的使用周期原则上为5年。

（3）工程造价管理机构在定额使用周期内，应及时发布人工、材料、机械台班价格信息，实行工程造价动态管理，如遇国家法律、法规、规章或相关政策变化及建筑市场物价波动较大，应适时调整定额人工费、定额机械费及定额基价或规费费率，使建筑安装工程费能反映建筑市场实际。

（4）建设单位在编制招标控制价时，应按照各专业工程的计量规范和计价定额及工程造价信息编制。

（5）施工企业在使用计价定额时除不可竞争费用外，其余仅作为参考，由施工企业投标时自主报价。

任务二　定额与清单计价模式计费流程

任务描述

小张负责一个办公楼装修项目的造价计算，采用定额计价模式。但在计算过程中，他对各项费用的计算顺序和取费标准不太清楚。例如，在计算措施项目费时，他不确定是该先算单价措施项目费还是总价措施项目费，以及费率该如何选取。这导致他计算的工程造价与其他同事相差较大，引起了争议。定额计价模式下的计费程序究竟是怎样的呢？

任务分析

小张在办公楼装修项目造价计算中因不熟悉定额计价模式的计费程序而产生争议，这表明掌握正确计费程序的重要性。需要学习定额计价模式下计费程序的一般性说明，包括各项费用的计算方法和先后顺序，以及材料价格、人工发布价等在其中的应用，才能帮助小张解决问题。

任务实施

一、定额计价模式下的计费程序

（一）一般性说明

（1）定额计价是以某地区单位估价表中的人工费、材料费（含未计价材料）、施工机具使用费为基础，依据本定额计算出工程所需的全部费用，包括人工费、材料费、施工机具使用费、企业管理费、利润、规费、税金。

（2）材料的市场价格是指承发包方双方认定的价格，也可以是当地建设工程造价管理机构发布的市场信息价。

（3）人工发布价、材料市场价格、机械台班价格进入定额基价。

（4）施工过程中发生的索赔与现场签证等费用，承发包方在双方办理竣工结算时按照实物量形式和费用形式分别计算。实物量形式发生的索赔与签证，按照基价表金额，计算总价措施费、企业管理费、规费、利润、税金。

以费用形式表示的索赔与签证，列入不含税工程造价，另有说明的除外。

（5）由发包人提供的材料（俗称甲供材），按当期价格进入定额基价，按计价程序计取各项费用及税金，支付工程款时扣除费用为∑（发包人提供的材料数量 × 当期信息价）。

（二）计费程序

定额计价模式下的计费程序，见表 5–1。

表 5–1 定额计价模式下的计费程序

序号	费用项目		计算方法
1	分部分项工程费		1.1+1.2+1.3
1.1	其中	人工费	∑（人工费）
1.2		材料费	∑（材料费）
1.3		施工机具使用费	∑（施工机具使用费）
2	措施项目费		2.1+2.2
2.1	单价措施项目费		2.1.1+2.1.2+2.1.3
2.1.1	其中	人工费	∑（人工费）
2.1.2		材料费	∑（材料费）
2.1.3		施 T 机具使用费	∑（施工机具使用费）
2.2	总价措施项目费		2.2.1+2.2.2
2.2.1	其中	安全文明施工费	（1.1+1.3+2.1.1+2.1.3）× 费率
2.2.2		其他总价措施项目费	（1.1+1.3+2.1.1+2.1.3）× 费率

续表

序号	费用项目	计算方法
3	总承包服务费	项目价值 × 费率
4	企业管理费	（1.1+1.3+2.1.1+2.1.3）× 费率
5	利润	（1.1+1.3+2.1.1+2.1.3）× 费率
6	规费	（1.1+1.3+2.1.1+2.1.3）× 费率
7	索赔与现场签证	据实
8	不含税工程造价	1+2+3+4+5+6+7
9	税金	8 × 费率
10	含税工程造价	8+9

二、清单计价模式下的计费程序

扫一扫

清单计价

（一）一般性说明

（1）清单计价模式下的费用项目由分部分项工程费、措施项目费、其他项目费、规费、税金组成，其中分部分项工程费、措施项目费、其他项目费中包含人工费、材料费、施工机具使用费、企业管理费、利润及有限的风险费用，俗称综合单价。

（2）人工费、材料费、施工机具使用费通过消耗量定额 / 市场信息价算出，企业管理费、利润及有限的风险费用通过相关基数乘以费率计算得出。

（3）在单价措施项目费和总价措施项目费的计算中，单价措施项目费与分部分项工程费计算方法一样，总价措施项目费以人工费或人工费和机械费之和乘以相关费率计算得出。

（二）计费程序

由于在招投标过程中，承发包方都会进行费用组成的计费，因此，清单计价模式下的计费程序的表格有表 5–2 ～表 5–4 几种。

表 5–2　建设单位工程招标控制价计费程序

工程名称：　　　　　　　　　　　　　　　标段：

序号	内容	计算方法	金额 / 元
1	分部分项工程费	按计价规定计算	
1.1			
1.2			
1.3			
1.4			
1.5			
	……		

续表

序号	内容	计算方法	金额 / 元
2	措施项目费	按计价规定计算	
2.1	其中：安全文明施工费	按规定标准计算	
3	其他项目费		
3.1	其中：暂列金额	按计价规定估算	
3.2	其中：专业工程暂估价	按计价规定估算	
3.3	其中：计日工	按计价规定估算	
3.4	其中：总承包服务费	按计价规定估算	
4	规费	按规定标准计算	
5	税金（扣除不列入计税范围的工程设备金额）	（1+2+3+4）× 规定税率	
招标控制价合计 =1+2+3+4+5			

表 5–3　施工企业工程投标报价计费程序

工程名称：　　　　　　　　　　　　　　　　　　标段：

序号	内容	计算方法	金额 / 元
1	分部分项工程费	自主报价	
1.1			
1.2			
1.3			
1.4			
1.5			
	……		
2	措施项目费	自主报价	
2.1	其中：安全文明施工费	按规定标准计算	
3	其他项目费		
3.1	其中：暂列金额	按招标文件提供金额计列	
3.2	其中：专业工程暂估价	按招标文件提供金额计列	
3.3	其中：计日工	自主报价	
3.4	其中：总承包服务费	自主报价	
4	规费	按规定标准计算	
5	税金（扣除不列入计税范围的工程设备金额）	（1+2+3+4）× 规定税率	
投标报价合计 =1+2+3+4+5			

表 5–4　竣工结算计费程序

工程名称：　　　　　　　　　　　　　　　　　　标段：

序号	汇总内容	计算方法	金额 / 元
1	分部分项工程费	按合同约定计算	

续表

序号	汇总内容	计算方法	金额 / 元
1.1			
1.2			
1.3			
1.4			
1.5			
	……		
2	措施项目费	按合同约定计算	
2.1	其中：安全文明施工费	按规定标准计算	
3	其他项目费		
3.1	其中：专业工程结算价	按合同约定计算	
3.2	其中：计日工	按计日工签证计算	
3.3	其中：总承包服务费	按合同约定计算	
3.4	索赔与现场签证	按发承包双方确认数额计算	
4	规费	按规定标准计算	
5	税金（扣除不列入计税范围的工程设备金额）	（1+2+3+4）× 规定税率	
竣工结算总价合计 =1+2+3+4+5			

项目小结

本项目首先学习了建筑安装工程费用的项目组成，按费用构成要素和造价形成划分的各项费用，以及这些费用的参考计算方法；其次详细介绍了定额计价模式下的计费程序，包括一般性说明和具体的计费步骤；再次深入讲解了清单计价模式下的计费程序，对比了两种计价模式的异同点；最后对两种计价模式进行了总结和归纳，明确其在实际工程中的应用。通过本项目的学习，读者能够清晰掌握建筑装饰工程计费的两种主要模式，准确计算各项费用，根据不同的工程情况选择合适的计价模式，为合理确定建筑装饰工程造价提供专业支持。

项 目 工 单

一、实训准备

给出多个不同风格和规模的建筑装饰工程案例，每个案例包含详细的工程内容描述、施工图纸以及相关的计价要求。准备建筑安装工程费用项目组成的相关文件，如建标〔2013〕44 号文，以及当地的计费标准和市场价格信息。为学生提供计算器、计算机以及制作表格的软件。

二、实训内容

学生分组选择案例，根据案例要求和所学知识，分别按照定额计价模式和清单计价模式进行计费计算。在计算过程中，明确各项费用的组成和计算方法，如人工费、材料费、施工机具使用费等。对比两种计价模式下的计费结果，分析差异产生的原因。每个小组提交两种计价模式的计费报告，并对差异进行详细分析和阐述。

三、分组讨论

以 3 ～ 5 人为一组，选出组长并进行任务分工，将小组成员及分工情况填入表 5-5 中。

表 5-5　小组成员及分工情况

班级：　　　　　　组号：　　　　　　指导教师：

小组成员	姓名	学号	任务分工
组长			
组员			

四、实施过程

按实际操作过程，将实施内容、遇到的问题及解决办法等记录于表 5-6 中。

表 5-6　工作实施过程记录表

序号	实施内容	遇到的问题及解决办法	结果

五、任务评价

各组展示任务完成情况，并完成考核评价表，见表 5-7。

表 5-7　考核评价表

项目名称	评价内容	满分 / 分	评分 / 分		
			自评	互评	师评
职业素养考核项目	考勤、纪律意识	10			
	团队交流与合作意识	10			
	参与主动性	10			
专业能力考核项目	积极参与教学活动并正确理解任务要求	10			
	认真查找与任务相关的资料	10			
	任务实施过程记录表的完成度	10			
	对建筑装饰工程计费的了解程度	20			
	独立完成相应任务的程度	20			
合计		100			
总评	自评（20%）+ 互评（20%）+ 师评（60%）=	综合等级	指导教师（签名）：		

课后练习

一、选择题

1. 按费用构成要素划分，建筑安装工程费用中，下列属于规费的是（　　）。

A. 企业管理费

B. 养老保险费

C. 利润

D. 税金

2. 定额计价模式下，计算总价措施项目费时，安全文明施工费的计算基数不包括（　　）。

A. 人工费

B. 材料费

C. 施工机具使用费

D. 规费

3. 清单计价模式下，施工企业工程投标报价计费程序中，其他项目费不包括（　　）。

A. 暂列金额

B. 专业工程暂估价

C. 总承包服务费

D. 规费

二、填空题

1. 按造价形成划分，建筑安装工程费用由分部分项工程费、措施项目费、其他项目费、规费和________组成。

2. 建筑安装工程费用中，材料费包括材料原价、运杂费、运输损耗费以及________。

3. 定额计价模式下，分部分项工程费由定额分部分项工程费、价差和________组成。

三、简答题

1. 简述按费用构成要素划分建筑安装工程费用的组成内容。

2. 对比定额计价模式和清单计价模式下计费程序的不同点。

项目六

建筑装饰工程量计算解析

项目导读

建筑装饰工程的工程量计算是工程造价确定的基础，其准确性直接影响工程的成本核算和报价的合理性。从楼地面到墙柱面，从天棚到门窗，每一个部分的工程量计算都有其独特的规则和方法。在实际工作中，如何依据设计图纸和规范准确计算各部分的工程量呢？本项目将围绕这一核心问题展开，详细讲解建筑装饰工程各分部分项工程的工程量计算规则和方法，包括楼地面工程、墙柱面工程、天棚工程、门窗工程以及油漆、涂料、裱糊装饰工程等，帮助你掌握工程量计算的技巧，为准确确定工程造价提供坚实的数据支持。

学习目标

知识目标

1. 理解工程量的概念、计算意义和注意事项。
2. 掌握各分部分项工程的工程量计算规则和方法。

能力目标

1. 正确计算楼地面、墙柱面等各部分工程量。
2. 依据规则准确处理复杂结构的工程量计算。
3. 能对计算结果进行合理分析。

素质目标

1. 培养认真负责的工作态度。
2. 提升空间想象能力和数据处理能力。
3. 增强对工程量计算准确性的重视。

思政目标

培养学生严谨务实的精神，让学生明白工程量计算准确的重要性，对工程建设负责，保证工程质量与成本控制。

任务一　工程量基础概念

任务描述

小李是一名刚入职建筑公司的新人，负责协助计算一个住宅项目的工程量。面对复杂的施工图纸，他完全不知道从哪里开始，对于工程量的概念也只有模糊的认识。在计算墙体面积时，他不确定是否要扣除门窗的面积，这让他十分苦恼。相信很多初入建筑行业的人都有类似的困惑，那么，工程量究竟是什么？计算时又需要注意哪些方面呢？

任务分析

小李的困惑体现了新手在接触工程量计算时的常见问题。由于对工程量概念不清，计算规则不熟悉，导致在实际操作中无从下手。需要学习工程量的概念、计算意义和注意事项，掌握正确的计算方法，才能帮助小李解决难题，为准确计算工程造价打下基础。

任务实施

一、工程量概念

工程量是指以物理计量单位或自然计量单位来表示建筑装饰工程中的各个具体分部分项工程和构配件的实物量，工程量的计量单位必须与定额规定的计量单位一致。

工程量的计量单位包括物理计量单位和自然计量单位两种。

物理计量单位是指需要通过度量工具来衡量物体量的性质的单位，也就是采用法定计量单位表示工程完成的数量。例如，长度以米（m）为计量单位，窗帘盒、木压条等的工程量以米计算；面积以平方米（m^2）为计量单位，如墙面、柱面工程和门窗工程等工程量以平方米（m^2）计算；体积以立方米（m^3）为计量单位，如砌砖、水泥砂浆等工程量以立方米（m^3）为单位；质量以千克（kg）或吨（t）为计量单位等。

自然计量单位指不需要量纲的、具有自然属性的单位，如屋顶水箱以“座”为计量单位，施工机械以“台班”为计量单位等。

二、工程量计算的意义

扫一扫

工程量计算

工程量计算是编制施工图预算，以及为建筑装饰工程报价做好前期准备的一个重要环节。首先，工程量计算工作是在整个预算编制工作中所花时间最长的，它直接影响预算的及时性；其次，工程量计算正确与否直接影响各个分项工程定额直接费计算的准确性，从而影响工程预算造价的准确性。因此，在计算时需要工作人员耐心细致地做好计算工作。

三、工程量计算注意事项

工程量计算是根据已会审的施工图所规定的各分项工程的尺寸、数量，以及设备、构件、门窗等明细表和预算定额各分部工程量计算规则进行计算。在计算过程中，应注意以下几个问题。

（1）必须在熟悉和审查施工图的基础上进行，要严格按照定额规定和工程量计算规则进行计算，不任意加大或缩小尺寸。例如，不能以轴线间距作为内墙净长距离。

（2）为了便于核对和检查，避免重算或漏算，在计算工程量时，一定要注明层次、部位、轴线编号、断面符号。

（3）工程量计算公式中的各项应按一定顺序排列，以方便校核。计算面积时，一般按长、宽（高）顺序排列，数字精确度一般计算到小数点后两位；在汇总列项时，可四舍五入取小数点后两位。

（4）为了减少重复劳动，提高编制预算工作效率，应尽量利用图样上已注明的数据表和各种附表，如门窗、灯具明细表。

（5）为了防止重算或漏算，计算工程量时要按施工顺序，并结合定额手册中定额项目排列的顺序，以及计算方法顺序进行计算。

（6）计算工程量时，应采用表格方式进行，以利于审核。

任务二 楼地面工程工程量计算

任务描述

张师傅承接了一个办公室的装修工程，在计算楼地面工程的工程量时遇到了麻烦。办公室地面有多种不同的材质，有地毯、瓷砖，还有木地板，而且地面上还有一些设备基础需要扣除。张师傅对于不同材质的工程量计算规则不太清楚，不知道该如何准确计算，这直接影响了工程报价和材料采购。楼地面工程的工程量到底该如何计算呢？

任务分析

张师傅在办公室装修中遇到楼地面工程量计算难题，这反映出楼地面工程因材质多样、存在特殊结构而使计算较为复杂。通过学习楼地面工程各部分的清单工程量计算规则，包括不同材质面层、踢脚线、楼梯装饰等，掌握特殊结构的处理方法，可帮助张师傅准确计算工程量。

任务实施

一、楼地面基本内容

楼地面是楼面和地面的总称，是构成楼地层的组成部分。一般来说，地层（又称为地坪）主要由垫层、找平层和面层所组成，构成地层的项目都能在楼地面工程项目中找到。楼层主要由结构层、找平层、保温隔热层和面层组成。

二、楼地面清单工程量的清单计算

（一）整体墙面

整体墙面包括水泥砂浆楼地面、现浇水磨石楼地面、细石混凝土楼地面、菱苦土楼地面等，它们的工程量清单项目设置、项目特征、计量单位、工程量计算规则可参考表 6–1。

表 6–1　整体墙面的工程量清单

项目名称	项目特征	计量单位	工程量计算规则	工程内容
水泥砂浆楼地面	垫层材料种类、厚度； 找平层厚度、砂浆配合比； 防水层厚度、材料种类； 面层厚度、砂浆配合比	m^2	按设计图示尺寸以面积计算，扣除凸出地面构筑物、设备基础、铁道、地沟等所占面积，不扣除间壁墙和 0.3 m^2 以内的柱、垛、附墙烟囱及孔洞所占面积	基层清理； 垫层铺设； 抹找平层； 防水铺设； 抹面层； 材料运输
现浇水磨石楼地面	垫层材料种类、厚度； 找平层厚度、砂浆配合比； 防水层厚度、材料种类； 面层厚度、水泥石子浆配合比； 嵌条材料种类、规格石子种类、规格、颜色； 颜料种类、颜色			基层清理； 垫层铺设； 抹找平层； 防水铺设； 面层铺设； 嵌缝条安装； 磨光、酸洗、打蜡
细石混凝土楼地面	垫层材料种类、厚度； 找平层厚度、砂浆配合比； 防水层厚度、材料种类； 面层厚度、混凝土强度等级			基层清理； 垫层铺设； 抹找平层； 防水铺设； 面层铺设； 材料运输
菱苦土楼地面	垫层材料种类、厚度； 找平层厚度、砂浆配合比； 防水层厚度、材料种类； 面层厚度； 打蜡要求			基层清理； 垫层铺设； 抹找平层； 防水铺设； 面层铺设； 打蜡； 材料运输

（二）块料面层

块料面层包括石材楼地面、碎石材楼地面、块料楼地面等，它们的工程量清单项目的设置、项目特征描述的内容、计量单位、工程量计算规则可参考表 6–2。

表 6–2 块料面层的工程量清单

项目名称	项目特征	计算单位	工程量计算规则	工作内容
石材楼地面	垫层材料种类、厚度； 找平层厚度、砂浆配合比； 防水层材料种类； 填充材料种类、厚度； 结合层厚度、砂浆配合比； 面层材料种类、规格； 嵌缝材料种类； 防护层材料种类； 酸洗、打蜡要求	m^2	按设计图示尺寸以面积计算。扣除凸出地面构筑物、设备基础、铁道、地沟等所占面积，不扣除间壁墙和 0.3 m^2 以内的柱、垛，附墙烟囱及孔洞所占面积。门洞、空圈、暖气包槽、壁龛的开口部分不增加面积	基层清理； 防水层铺设； 面层铺设； 嵌缝； 刷防护材料
块料楼地面				

（三）橡塑面层

橡塑面层包括橡胶板楼地面、橡胶卷材楼地面、塑料板楼地面、塑料卷材楼地面等，它们的工程量计算规则、项目特征描述的内容、计量单位、工程量清单项目的设置可参考表 6–3。

表 6–3 橡塑面层的工程量清单

项目名称	项目特征	计量单位	工程量计算规则	工程内容
橡胶板楼地面	找平层厚度、砂浆配合比； 填充材料种类、厚度； 黏结层厚度，材料种类； 面层材料品种、规格、品牌、颜色； 压线条种类	m^2	按设计图示尺寸以面积计算。门洞、空圈、暖气包槽的开口部分并入相应的工程量内	基层清理； 铺设填充层； 面层铺贴； 压缝条装订； 材料运输
橡胶卷材楼地面				
塑料板楼地面				
塑料卷材楼地面				

（四）其他材料面层

其他材料面层包括地毯楼地面、竹木地板、防静电活动地板、金属复合地板等，它们的工程量清单项目的设置、项目特征、计量单位、工程量计算规则可参考表 6–4。

表 6–4 其他材料面层的工程量清单

项目名称	项目特征	计量单位	工程量计算规则	工程内容
地毯楼地面	找平层厚度、砂浆配合比； 填充材料种类、厚度； 防护层材料种类； 黏结材料种类； 压线条种类； 面层材料种类、规格	m^2	按设计图示尺寸以面积计算，门洞、空圈、暖气包槽的开口部分并入相应的工程量内	基层清理； 铺设填充层； 铺贴面层； 刷防护材料； 装订压条； 材料运输
竹木地板	找平层厚度、砂浆配合比； 填充材料种类、厚度； 龙骨材料种类、规格； 基层材料种类、规格； 面层材料种类、规格； 黏结材料种类； 防护层材料种类； 油漆品种、刷漆遍数			基层清理； 铺设填充层； 龙骨铺设； 铺设基层； 面层铺贴； 刷防护材料； 材料运输

续表

项目名称	项目特征	计量单位	工程量计算规则	工程内容
防静电活动地板	找平层厚度、砂浆配合比； 防护层材料种类、厚度； 支架高度、材料种类； 面层材料种类、规格； 防护材料种类	m^2	按设计图示尺寸以面积计算，门洞、空圈、暖气包槽的开口部分并入相应的工程量内	基层清理； 铺设填充层； 固定支架安装； 活动面层安装； 刷防护材料； 材料运输
金属复合地板	找平层厚度、砂浆配合比； 防护层材料种类、厚度； 龙骨材料种类、规格； 面层材料种类、规格； 基层材料种类、规格； 防护材料种类			基层清理； 铺设填充层； 龙骨铺设； 基层铺设； 面层铺贴； 刷防护材料； 材料运输

拓展阅读

非关键项目的计算要精确

在工程量计算中，很多项目并不被人关注，如踢脚线、收边条等，由于工程量小，计算人员并没有认真测量，导致工程量计算失误，最终的价格也不准确，在实际施工中可能造成亏损，于是最终导致这些施工项目很粗糙，给投资方与自己带来损失。

非关键项目一定要计算精确，虽然单价与总价都很低，但是也要把它当作主要项目对待，这些非关键项目由于金额比较低，所以在审核的时候，一眼就能看出是否存在误差。

（五）踢脚线

踢脚线包括水泥砂浆踢脚线、石材踢脚线、块料踢脚线、现浇水磨石踢脚线、塑料板踢脚线、木质踢脚线、金属踢脚线等，它们的工程量清单项目的设置、项目特征、计量单位、工程量计算规则可参考表 6–5。

表 6–5　踢脚线的工程量清单

项目名称	项目特征	计量单位	工程量计算规则	工程内容
水泥砂浆踢脚线	踢脚线高度； 底层厚度、砂浆配合比； 面层厚度、砂浆配合比	m^2	按设计图示长度乘以高度计算面积	基层清理； 底层抹灰； 面层铺贴； 勾缝； 磨光、酸洗、打蜡； 刷防护材料； 材料运输
石材踢脚线	踢脚线高度； 底层厚度、砂浆配合比； 粘结层厚度、材料种类； 面层材料品种、规格、品牌、颜色； 勾缝材料种类； 防护材料种类			
块料踢脚线				

续表

项目名称	项目特征	计量单位	工程量计算规则	工程内容
现浇水磨石踢脚线	踢脚线高度； 底层厚度、砂浆配合比； 面层厚度、水泥石子浆配合比； 石子种类、规格、颜色； 颜料种类、颜色； 磨光、酸洗、打蜡要求	m^2	按设计图示长度乘以高度计算面积	基层清理； 底层抹灰； 面层铺贴； 勾缝； 磨光、酸洗、打蜡； 刷防护材料； 材料运输
塑料板踢脚线	踢脚线高度； 底层厚度、砂浆配合比； 粘结层厚度、材料种类； 面层材料品种、规格、品牌、颜色			基层清理； 底层抹灰； 基层铺贴； 面层铺贴； 刷防护材料； 刷油漆
木质踢脚线	踢脚线高度； 底层厚度、砂浆配合比； 粘结层厚度、材料种类； 防护材料种类； 面层材料品种、规格； 油漆品种、刷漆遍数			
金属踢脚线				

（六）楼梯装饰

楼梯面层包括石材楼梯面层、块料楼梯面层、水泥砂浆楼梯面层、现浇水磨石楼梯面层和地毯楼梯面层等，它们的工程量清单项目的设置、项目特征描述的内容、计量单位、工程量计算规则可参考表 6–6。

表 6–6　楼梯装饰的工程量清单

项目名称	项目特征	计量单位	工程量计算规则	工程内容
石材楼梯面层	找平层厚度、砂浆配合比； 粘结层厚度、材料种类； 面层材料品种、规格、品牌； 防滑条材料种类、规格； 勾缝材料种类； 防护层材料种类； 酸洗、打蜡要求	m^2	按设计图示尺寸以楼梯（包括踏步、休息平台及 500 mm 以内的楼梯井）水平投影面积计算。楼梯与楼地面相连时，算至梯口梁内侧边沿；无梯口梁者，算至最上一层踏步边沿加 300 mm	基层清理； 抹找平层； 面层铺贴； 贴嵌防滑条； 勾缝； 刷防护材料； 酸洗、打蜡； 材料运输
块料楼梯面层				
水泥砂浆楼梯面层	找平层厚度砂浆配合比； 面层厚度、砂浆配合比； 防滑条材料种类、规格			基层清理； 抹找平层； 抹面层； 抹防滑条
现浇水磨石楼梯面层	找平层厚度、砂浆配合比； 面层厚度，水泥石子浆配合比； 防滑条材料种类、规格； 石子种类、规格、颜色； 颜料种类、颜色； 磨光、酸洗、打蜡要求			基层清理； 抹找平层； 抹面层； 贴嵌防滑条； 磨光、酸洗、打蜡； 材料运输

续表

项目名称	项目特征	计量单位	工程量计算规则	工程内容
地毯楼梯面	基层种类； 找平层厚度、砂浆配合比； 面层材料品种、规格、品牌、颜色； 防护材料种类； 粘结材料种类	m^2	按设计图示尺寸以楼梯（包括踏步、休息平台及 500 mm 以内的楼梯井）水平投影面积计算。楼梯与楼地面相连时，算至梯口梁内侧边沿；无梯口梁者，算至最上一层踏步边沿加 300 mm	基层清理； 抹找平层； 铺贴面层； 固定配件安装； 刷防护材料

（七）台阶装饰

台阶装饰包括石材台阶面、块料台阶面、拼碎块料台阶面、现浇水磨石台阶面和剁假石台阶面等，它们的工程量清单项目的设置、项目特征描述的内容、计量单位、工程量计算规则可参考表 6–7。

表 6–7　台阶装饰的工程量清单

项目名称	项目特征	计量单位	工程量计量规则	工程内容
石材台阶面	垫层材料种类厚度； 找平层厚度、砂浆配合比； 粘结层材料种类； 面层材料品种、规格、品牌、颜色； 勾缝材料种类； 防滑条材料种类、规格； 防护材料种类	m^2	按设计图示尺寸以台阶水平投影面积计算	基层清理； 铺设垫层； 抹找平层； 面层铺贴； 贴嵌防滑条； 勾缝； 刷防护材料； 材料运输
块料台阶面				
水泥砂浆台阶面	垫层材料种类、厚度； 找平层厚度 . 砂浆配合比； 面层厚度、砂浆配合比； 防滑条材料种类			清理基层； 铺设垫层； 抹找平层； 抹面层
现浇水磨石台阶面	垫层材料种类厚度； 找平层厚度、砂浆配合比； 面层厚度、水泥石子浆配合比； 防滑条材料种类、规格； 石子种类、规格、颜色； 颜料种类、颜色； 磨光、酸洗、打蜡要求			清理基层； 铺设垫层； 抹找平层； 抹面层； 贴嵌防滑条； 打磨、酸洗、打蜡； 材料运输
剁假石台阶面	垫层材料种类、厚度； 找半层厚度、砂浆配合比； 面层厚度、砂浆配合比； 剁假石要求			清理基层； 铺设垫层； 抹找平层； 抹面层

（八）零星装饰项目

零星装饰项目包括石材零星项目、拼碎石材零星项目、块料零星项目和水泥砂浆零星项目等，它们的工程量清单项目的设置、项目特征描述的内容、计量单位、工程量计算规则可参考表 6-8。

表 6-8　零星装饰的工程量清单

<table>
<tr><th>项目名称</th><th>项目特征</th><th>计量单位</th><th>工程量计量规则</th><th>工程内容</th></tr>
<tr><td>石材零星项目</td><td rowspan="3">工程部位；
找平层厚度、砂浆配合比；
贴结合层厚度、材料种类；
面层材料品种、规格品牌、颜色；
勾缝材料种类；
防护材料种类；
酸洗、打蜡要求</td><td rowspan="4">m^2</td><td rowspan="4">按设计图示尺寸以面积计算</td><td rowspan="3">清理基层；
抹找平层；
面层铺贴；
勾缝；
刷防护材料；
酸洗、打蜡；
材料运输</td></tr>
<tr><td>碎拼石材零星项目</td></tr>
<tr><td>块料零星项目</td></tr>
<tr><td>水泥砂浆零星项目</td><td>工程部位；
找平层厚度、砂浆配合比；
面层厚度、砂浆厚度</td><td>清理基层；
抹找平层；
抹面层；
材料运输</td></tr>
</table>

三、楼地面工程量的计算规则

（一）楼地面

1. 计算规则

楼地面装饰面积按楼地面装饰饰面的净面积计算，不扣除 0.1 m^2 以内的孔洞所占的面积，拼花部分按实贴面积计算。

2. 计算规则及计算方法说明

（1）“楼地面装饰饰面的净面积”是指除结构面积以外的净面积、室外使用面积或辅助面积，一般是以净长与净宽之积计算的，室外按图示尺寸以实铺面积计算。

（2）“不扣除 0.1 m^2 以内的孔洞所占的面积”是指穿过楼地面的上、下水管道等所占的面积，其面积往往小于 0.1 m^2，这里所指的“0.1 m^2 以内”是指孔洞面积小于等于 0.1 m^2，如果孔洞面积大于 0.1 m^2，则需要被扣除。

（3）“拼花部分”是指为了达到一定的装饰效果，在商场、酒店等公用建筑的大厅或民用建筑的起居室等处采用不同的天然石材种类和不同的颜色拼成的完整装饰图案，定额按成品考虑。

（4）不同的材质和结构做法不同，应分开列项计算。

3. 计算公式

楼地面装饰面层净面积 = 房间净长 × 房间净宽 − 柱垛及 0.1 m^2 以上的孔洞所占的面积 + 门、空圈、暖气包槽、壁龛开口面积、拼花部分面积 = 实际拼贴的完整图案的总面积。

拼花部分面积一般为圆形或方形。

（二）楼梯

1. 计算规则

楼梯面积（包括踏步、休息平台以及小于 500 mm 宽的楼梯井）按水平投影面积计算。

2. 计算规则说明

（1）“楼梯面积按水平投影面积计算”是指为简化计算，不按楼梯的踢面、踏面展开，而是以楼梯间踏步、休息平台及小于 500 mm 宽的楼梯井的水平平面面积计算，计算时分三种情况：

第一种，有走道墙的，楼梯与走道的分界线以走道墙的边线为界。

第二种，无走道墙有梯口梁的，以梯口梁为界，楼梯面积包括梯口梁。

第三种，无走道墙且无梯口梁的，以最上一层踏步外沿 300 mm 为界。

（2）“休息平台”是指楼梯“一跑”与“另一跑”之间歇脚的平台（图 6–1）。

（3）“楼梯井”是指楼梯两跑之间转弯时结构设计的空隙。其宽度小于或等于 500 mm 时，楼梯工程量不需要扣除该部分投影面积；当其宽度大于 500 mm 时，则需要被扣除。

3. 计算公式

（1）直形楼梯（图 6–2）

直形楼梯水平投影面积 =（楼梯间长度 × 楼梯间宽度 – 500 mm 以上宽的楼梯井投影面积）× n

式中，n 为楼层数量。

图 6–1　楼梯井

图 6–2　直行楼梯

（2）弧形楼梯（图 6–3）

$$弧形楼梯水平投影面积 = \pi \times (R^2 - r^2)$$

式中，r 为梯井半径，大于 250 mm；R 为螺旋楼梯半径。

（三）台阶

1. 计算规则

台阶面层（包括踏步及最上一层踏步沿 300 mm）按水平投影面积计算。

2. 计算规则说明

（1）“台阶面层按水平投影面积计算”是指为简化计算，不按台阶的踢面、踏面展开，而是以台阶的水平投影面积计算。

（2）“包括踏步及最上一层踏步沿 300 mm”是指台阶的水平投影长度的取定，除台阶本身的踏步投影长度以外还要加上最上层外延的 300 mm。

（3）台阶的宽度指台阶的设计净宽度，不包括梯带、牵边、花池等。

3. 计算公式

台阶面层面积 =（台阶的水平投影长度 +300 mm）× 台阶宽度

（四）踢脚线（图 6–4）

1. 计算规则

踢脚线按实贴长乘高以平方米计算，成品踢脚线按实贴延长米计算。楼梯赐脚线按相应定额乘以系数 1.15 计算。

图 6–3　弧形楼梯

图 6–4　踢脚线

2. 计算规则说明

（1）踢脚线分两种情况计算，一种是成品踢脚线，按长度计算；另一种是非成品踢脚线，按面积计算。

（2）楼梯踏步处考虑锯齿形及斜长消耗，故楼梯踏步部分踢脚线工程量以水平投影长度乘以系数 1.15 计算。

3. 计算公式

（1）成品踢脚线

楼地面成品踢脚线长度 = 实贴延长米

楼梯成品踢脚线长度 = 实贴延长米 ×1.15

（2）非成品踢脚线

楼地面非成品踢脚线面积 = 实贴延长米 × 高

楼梯非成品踢脚线长度 = 实贴延长米 × 高 ×1.15

（五）零星项目

1. 计算规则

零星项目按实铺面积计算。

2. 计算规则说明

（1）“零星项目”是指面积在 1 m^2 以内且定额中未列项目的工程以及一些施工复杂、工料耗用量相比较多的项目。

（2）楼梯侧面、台阶牵边、小便池、蹲台、池槽等的面层工程量属于零星项目。

3. 计算公式

$$零星项目工程量 =\sum 各分项工程展开面积$$

（六）点缀

1. 计算规则

点缀按个计算，计算主体铺贴地面面积时，不扣除点缀所占面积。

2. 计算规则说明

（1）点缀是指镶拼面积小于 0.015 m^2 的石材地面。

（2）因点缀面积太小，而且镶贴复杂，所以在计算主体铺贴地面面积时不予扣除，且镶贴点缀另列项计算。

3. 计算公式

$$点缀 = 镶拼个数$$

（七）栏杆、拦板、扶手、弯头

1. 计算规则

栏杆、拦板、扶手均按其中心线长度以延长米计算，计算扶手时不扣除弯头所占长度。弯头按个计算。

2. 计算规则说明

（1）定额中规定的不同材质的“栏杆、拦板、扶手”的截面积已定，长度上发生变化，因此以延长米计算。

（2）弯头是楼梯转弯处的结构构件，计算扶手时其长度不需扣除，弯头工程量另算。

3. 计算方法

（1）栏杆、拦板、扶手工程量 = 栏杆、拦板、扶手中心线的实际长度。

（2）弯头按个计算，一个转弯一般有一个或两个弯头，根据设计图纸确定。

（八）石材底面

1. 计算规则

石材底面刷养护液按底面面积加 4 个侧面面积，以 m^2 计算。

2. 计算公式

石材底面刷养护液面积 $=a\times b+(a+b)\times 2\times$ 石材厚度

式中，a 为石材长度；b 为石材宽度。

任务三 墙、柱面工程工程量计算

任务描述

在一个酒店装修项目中，施工团队在计算墙、柱面工程的工程量时出现了分歧。有的工人认为应该按照墙面的实际面积计算，有的则觉得要扣除门窗洞口的面积，对于附墙柱的面积计算方法也各执一词。由于工程量计算不一致，导致材料采购数量不准确，影响了施工进度。墙、柱面工程的工程量计算规则究竟是怎样的呢？

任务分析

酒店装修项目中施工团队对墙、柱面工程量计算产生分歧，这表明墙、柱面工程工程量计算规则需要明确统一。需要学习墙、柱面工程的清单工程量计算规则，了解墙面抹灰、镶贴块料等不同项目的计算方法，以及门窗洞口、附墙柱等部位的处理方式，才能解决施工团队的分歧。

任务实施

一、墙、柱面基本内容

墙柱面装饰工程包括一般抹灰、装饰抹灰、镶贴块料面层及墙柱面装饰等内容。

一般抹灰指使用石灰砂浆、水泥砂浆、混合砂浆和其他砂浆对内、外墙面和柱面粉刷，根据抹灰材料、抹灰部位、抹灰遍数和基层等分项。

装饰性抹灰和镶贴块料按面层材料、基层、粘贴材料等分项。

墙柱面装饰适用于隔墙、隔断、墙柱面的龙骨、面层、饰面、木作等工程。

墙柱面装饰内容包括单列的龙骨基层和面层，以及综合龙骨及饰面的墙柱装饰项目。龙骨材料有木龙骨（图 6-5）、轻钢龙骨、铝合金龙骨等。

图 6-5　木龙骨

二、墙、柱面清单工程量的清单计算

（一）墙面抹灰工程

墙面抹灰包括墙面一般抹灰、墙面装饰抹灰、墙面勾缝等，它们的工程量清单项目的设置、项目特征描述的内容、计量单位、工程量计算规则可参考表 6-9。

表 6-9　墙面抹灰的工程量清单

<table>
<tr><th>项目名称</th><th>项目特征</th><th>计量单位</th><th>工程量计算规则</th><th>工程内容</th></tr>
<tr><td>墙面一般抹灰</td><td rowspan="2">墙体类型；
底层厚度、砂浆配合比；
面层厚度、砂浆配合比；
装饰面材料种类；
分格缝宽度、材料种类</td><td rowspan="3">m²</td><td rowspan="2">按设计图示尺寸以面积计算，扣除墙裙、门窗洞口及单个 0.3 m² 的孔洞面积，不扣除踢脚线、挂镜线和墙与构件交接处的面积，门窗洞口和孔洞的侧壁及顶面不增加面积。附墙柱、梁、垛，烟囱侧壁并入相应的墙面面积内</td><td rowspan="2">基层清理；
砂浆制作、运输；
底层抹灰；
抹面层；
抹装饰面；
勾分格缝</td></tr>
<tr><td>墙面装饰抹灰</td></tr>
<tr><td>墙面勾缝</td><td>墙体类型；
勾缝类型；
勾缝材料种类</td><td>外墙抹灰面积按外墙垂直投影面积计算。
外墙裙抹灰面积按其长度乘以高度计算。
内墙抹灰面积按主墙间的净长乘以高度计算：
（1）无墙裙的，高度按楼地面至天棚底面计算。
（2）有墙裙的，高度按墙裙顶至天棚底面计算。
内墙裙抹灰面按内墙净长乘以高度计算</td><td>基层清理；
砂浆制作、运输；
勾缝</td></tr>
</table>

（二）柱面抹灰

柱面抹灰包括柱面一般抹灰、柱面装饰抹灰、柱面勾缝等，它们的工程量清单项目的设置、项目特征描述的内容、计量单位、工程量计算规则可参考表 6-10。

表 6-10　柱面抹灰的工程量清单

<table>
<tr><th>项目名称</th><th>项目特征</th><th>计量单位</th><th>工程量计算规则</th><th>工程内容</th></tr>
<tr><td>柱面一般抹灰</td><td rowspan="2">柱体类型；
底层厚度、砂浆配合比；
面层厚度、砂浆配合比；
装饰面材料种类；
分格缝宽度、材料种类</td><td rowspan="3">m^2</td><td rowspan="3">按设计图示柱断面周长乘以高度以面积计算</td><td rowspan="2">基层清理；
砂浆制作、运输；
底层抹灰；
抹面层；
抹装饰面；
勾分格缝</td></tr>
<tr><td>柱面装饰抹灰</td></tr>
<tr><td>柱面勾缝</td><td>墙体类型；
勾缝类型；
勾缝材料种类</td><td>基层清理；
砂浆制作、运输；
勾缝</td></tr>
</table>

（三）零星抹灰

零星抹灰包括零星项目一般抹灰、零星项目装饰抹灰等，它们的工程量清单项目的设置、项目特征描述的内容、计量单位、工程量计算规则可参考表 6-11。

表 6-11　零星抹灰的工程量清单

<table>
<tr><th>项目名称</th><th>项目特征</th><th>计量单位</th><th>工程量计算规则</th><th>工程内容</th></tr>
<tr><td>零星项目一般抹灰</td><td rowspan="2">墙体类型；
底层厚度、砂浆配合比；
面层厚度、砂浆配合比；
装饰面材料种类；
分格缝宽度、材料种类</td><td rowspan="2">m^2</td><td rowspan="2">按图示尺寸以面积计算</td><td rowspan="2">基层清理；
砂浆制作、运输；
底层抹灰；
抹面层；
抹装饰面；
勾分格缝</td></tr>
<tr><td>零星项目装饰抹灰</td></tr>
</table>

（四）墙面镶贴块料

墙面镶贴块料面层包括石材墙面、碎拼石材墙面、块料墙面和干挂石材钢骨架等。它们的工程量清单项目的设置、项目特征描述的内容、计量单位、工程量计算规则可参考表 6-12。

表 6-12　墙面镶贴块料的工程量清单

<table>
<tr><th>项目名称</th><th>项目特征</th><th>计量单位</th><th>工程量计算规则</th><th>工程内容</th></tr>
<tr><td>石材墙面</td><td rowspan="3">墙体类型；
底层厚度、砂浆配合比；
贴结层厚度、材料种类；
挂贴方式；
干挂方式（膨胀螺栓、钢龙骨）；
面层材料品种、规格、品牌、颜色；
缝宽、嵌缝材料种类；
防护材料种类；
磨光、酸洗、打蜡要求</td><td rowspan="4">m^2</td><td rowspan="3">按图示尺寸以镶贴表面积计算</td><td rowspan="3">基层清理；
砂浆制作、运输；
底层抹灰；
结合层铺贴；
面层铺贴；
面层挂贴；
面层干挂；
嵌缝；
刷防护材料；
磨光、酸洗、打蜡</td></tr>
<tr><td>碎拼石材墙面</td></tr>
<tr><td>块料墙面</td></tr>
<tr><td>干挂石材钢骨架</td><td>骨架种类、规格；
油漆品种、刷油遍数</td><td>按图示尺寸以质量计算</td><td>骨架制作、运输，安装；
骨架油漆</td></tr>
</table>

拓展阅读

正确选择工程量项目

对于基础界面，如顶面、墙面、地面等装饰项目，在定额标准中有很多选项，不同的施工工艺与材料搭配，价格不同，计算方法不同，要做到准确计算，就必须预先读懂、读透图纸。应当熟悉材料与施工工艺，熟悉图纸设计绘制，熟悉业务公关与市场行情。正确选择工程量项目，表面上是在做文职工作，其实是在做实践操作，选择工程量项目的过程，其实是在预算人员自己的大脑中，将整个施工流程全部演绎一遍，确定好材料搭配与施工工艺，才能准确选择工程量项目。

（五）柱面镶贴块料

柱面镶贴块料包括石材柱面、碎拼石材柱面、块料柱面、石材梁面和块料梁面等，它们的工程量清单项目的设置、项目特征描述的内容、计量单位、工程量计算规则可参考表6–13。

表6–13　柱面镶贴块料的工程量清单

<table>
<tr><th>项目名称</th><th>项目特征</th><th>计量单位</th><th>工程量计算规则</th><th>工程内容</th></tr>
<tr><td>石材柱面</td><td rowspan="3">柱体材料；
柱截面类型、尺寸；
底层厚度、砂浆配合比；
粘结层厚度、材料种类；
挂贴方式；
干贴方式；
面层材料品种、规格、品牌、颜色；
缝宽、嵌缝材料种类；
防护材料种类；
磨光、酸洗、打蜡要求</td><td rowspan="5">m^2</td><td rowspan="3">按图示尺寸以镶贴表面积计算</td><td rowspan="3">基层清理；
砂浆制作、运输；
底层抹灰；
结合层铺贴；
面层铺贴；
面层挂贴；
面层干挂；
嵌缝；
刷防护材料；
磨光、酸洗、打蜡</td></tr>
<tr><td>碎拼石材柱面</td></tr>
<tr><td>块料柱面</td></tr>
<tr><td>石材梁面</td><td rowspan="2">底层厚度，砂浆配合比；
粘结层厚度、材料种类面层材料品种、规格、品牌、颜色；
缝宽、嵌缝材料种类；
防护材料种类；
磨光、酸洗、打蜡要求</td><td rowspan="2">按图示尺寸以镶贴表面积计算</td><td rowspan="2">基层清理；
砂浆制作、运输；
底层抹灰；
结合层铺贴；
面层铺贴；
面层挂贴；
嵌缝；
刷防护材料；
磨光、酸洗、打蜡</td></tr>
<tr><td>块料梁面</td></tr>
</table>

（六）镶贴零星块料

镶贴零星块料包括石材零星项目、碎拼零星项目和块料零星项目等，它们的工程量清单项目的设置、项目特征描述的内容、计量单位、工程量计算规则可参考表6–14。

表 6-14 镶贴零星块料的工程量清单

项目名称	项目特征	计量单位	工程量计算规则	工程内容
石材零星项目 碎拼零星项目 块料零星项目	柱、墙体类型； 底层厚度、砂浆配合比； 粘结层厚度、材料种类； 挂贴方式； 干挂方式； 面层材料品种、规格、品牌、颜色； 缝宽、嵌缝材料种类； 防护材料种类； 磨光、酸洗、打蜡要求	m^2	按设计图示尺寸以镶贴表面积计算	基层清理； 砂浆制作、运输； 底层抹灰； 结合层铺贴； 面层铺贴； 面层挂贴； 面层干挂； 嵌缝； 刷防护材料； 磨光、酸洗、打蜡

（七）墙柱面饰面

墙柱面饰面板主要包括木质板材饰面板、金属板材饰面等，它们的工程量清单项目的设置、项目特征描述的内容、计量单位、工程量计算规则可参考表 6-15。

表 6-15 墙柱面饰面的工程量清单

项目名称	项目特征	计量单位	工程量计算规则	工程内容
装饰板墙面	墙体类型； 底层厚度、砂浆配合比； 龙骨材料种类、规格、中距； 隔离层材料种类、规格； 基层材料种类、规格； 面层材料品种、规格、品牌、颜色； 压条材料种类、规格； 防护材料种类； 油漆品种、刷漆遍数	m^2	按设计图示墙净长乘以净高以面积计算。扣除门窗洞口及单个 0.3 m^2 以上的孔洞所占面积	基层清理； 砂浆制作、运输； 底层抹灰； 龙骨制作、运输、安装； 钉隔离层； 基层铺钉； 面层铺贴； 刷防护材料、油漆

（八）幕墙

幕墙工程主要包括带骨架幕墙和全玻幕墙等，它们的工程量清单项目的设置、项目特征描述的内容、计量单位、工程量计算规则可参考表 6-16。

表 6-16 幕墙的工程量清单

项目名称	项目特征	计量单位	工程量计算规则	工程内容
带骨架幕墙	骨架材料、种类、规格； 面层材料种类、规格、品种、颜色； 层固定方式； 嵌缝、塞口材料种类	m^2	按设计图示框外围尺寸以面积计算，与幕墙同种材质的窗所占面积不扣除	骨架制作、运输、安装； 面层安装； 嵌缝、塞口； 清洗
全玻幕墙	玻璃品种、规格、品牌、颜色； 粘结塞口方式； 固定方式		按设计图示尺寸以面积计算，带肋全玻幕墙按展开面积计算	幕墙安装； 嵌缝、塞口； 清洗

（九）隔断

隔断工程主要包括木隔断、玻璃隔断、塑料隔断和成品隔断等，它们的工程量清单项目的设置、项目特征描述的内容、计量单位、工程量计算规则可参考表 6–17。

表 6–17　隔断的工程量清单

项目名称	项目特征	计量单位	工程量计算规则	工程内容
木隔断	骨架、边框材料种类、规格； 隔板材料品种、规格、颜色； 嵌缝、塞口材料品种； 压条材料种类	m^2	按设计图示框外围尺寸以面积计算，不扣除单个 ≤ 0.3 m^2 的孔洞所占面积；浴厕门的材质与隔断相同时，门的面积并入隔断面积内	骨架及边框制作、运输、安装； 隔板制作、运输、安装； 嵌缝、塞口； 装订压条
玻璃隔断	边框材料种类、规格； 玻璃品种、规格、颜色； 嵌缝、塞口材料品种		按设计图示框外围尺寸以面积计算，不扣除单个 ≤ 0.3 m^2 的孔洞所占面积	边框制作、运输、安装； 玻璃制作、运输、安装； 嵌缝、塞口
塑料隔断	边框材料种类、规格； 隔板材料品种、规格、颜色； 嵌缝、塞口材料品种			骨架及边框制作、运输、安装； 隔板制作、运输、安装； 嵌缝、塞口
成品隔断	隔断材料品种、规格、颜色； 配件品种、规格	m^2；间	按设计图示框外围尺寸以面积计算； 按设计间的数量以间计算	隔断运输、安装； 嵌缝、塞口
其他隔断	骨架、边框材料种类、规格； 隔板材料品种、规格、颜色； 嵌缝、塞口材料品种	m^2	按设计图示框外围尺寸以面积计算，不扣除单个 ≤ 0.3 m^2 的孔洞所占面积	骨架及边框安装； 隔板安装； 嵌缝、塞口

三、墙、柱面工程量的计算规则

（一）内墙抹灰工程量

1. 内墙抹灰以 m^2 计算

计算时，应扣除门窗洞口和空圈所占的面积，不扣除踢脚板、挂镜线、单个面积在 0.3 m^2 以内的孔洞和墙与构件交接处的面积，洞侧壁和顶面也不增加。墙垛和附墙烟囱侧壁面积与内墙抹灰工程量合并计算。抹灰面积等于涂刷面积。

2. 内墙面抹灰的长度

以主墙间的图示净长尺寸计算，其高度确定见表 6–18。

表 6–18　内墙面抹灰的高度确定

项目	说明
无墙裙	其高度按地面或楼面至天棚底面之间距离计算

续表

项目	说明
有墙裙	其高度按墙裙顶至天棚底面之间距离计算
有天棚	其高度按地面至天棚底面另加 100 mm 计算

3. 内墙裙抹灰面积

按内墙净长乘以高度计算（扣除或不扣除面积同内墙抹灰）。

（二）外墙面装饰抹灰面积

1. 计算规则

按垂直投影面积计算，扣除门窗洞口和 0.3 m^2 以上的孔洞所占的面积，门窗洞口及孔洞侧壁面积也不增加。附墙柱侧面抹灰面积并入外墙抹灰面积工程量内。

2. 计算规则说明

（1）“外墙面装饰抹灰的垂直投影面积”是指外墙的外边线与檐高的乘积。

（2）外墙各种装饰抹灰均按图示尺寸以实抹面积计算。

（3）“扣除门窗洞口和 0.3 m^2 以上的孔洞所占的面积，门窗洞口及孔洞侧壁面积也不增加”是指为了简化计算，小于（包括等于）0.3 m^2 的孔洞所占的面积、门窗洞口及孔洞侧壁的工、料、机耗用量已综合考虑在定额分项中，因此，不需增加计算这部分面积。其中“门窗洞口及孔洞侧壁”是指做法与外墙相同，沿墙的厚度方向的一半的部分。

（4）“附墙柱侧面抹灰面积”指部分嵌在墙中并有一部分突出墙面的柱的两侧的面积。

3. 计算公式

外墙面装饰抹灰面积＝外墙外边线 × 檐高－门窗洞口和 0.3 m^2 以上的孔洞所占的面积＋附墙柱侧面抹灰面积

外墙裙装饰抹灰面积＝外墙外边线 × 墙裙高度－门窗洞口和 0.3 m^2 以上的孔洞所占的面积＋附墙柱侧面抹灰面积

（三）柱面装饰

1. 计算规则

柱抹灰按结构断面周长乘以高度计算，柱饰面面积按外围饰面尺寸乘以高度计算。

2. 计算规则说明

（1）“结构断面周长”是指建筑施工图纸所标注的图示尺寸。

（2）“柱饰面外围饰面尺寸”是指装饰施工图纸所标注的尺寸，即装饰饰面成活尺寸。

（3）除零星项目的柱墩、柱帽项目外，其他项目的柱墩、柱帽工程量按设计图示尺寸以展开面积计算，并入相应柱面积内。“零星项目的柱墩、柱帽项目”是指挂贴大理石、花岗岩项目中的零星项目，按 m 计算。

（4）按实贴面积计算。比如与梁交接处面积应予扣除。

3. 计算公式

$$柱抹灰工程量 =（a+b）\times 2 \times h$$

式中，a、b 分别表示柱结构尺寸；h 为柱高。

$$柱装饰饰面工程量 =（a+b）\times 2 \times h$$

式中，a、b 分别表示柱饰面成活尺寸；h 为柱高。

（四）女儿墙（图 6–6）、阳台栏板内侧装饰抹灰

1. 计算规则

女儿墙（包括泛水、挑砖）、阳台栏板（不扣除花格所占孔洞面积）内侧抹灰按垂直投影面积乘以系数 1.30 和墙面定额执行。

图 6–6　女儿墙

2. 计算规则说明

（1）“女儿墙内侧垂直投影面积”是指女儿墙内墙长和墙高的乘积，泛水、挑砖部分不展开，压顶部分需另列项计算。

（2）“阳台栏板内侧垂直投影面积”是指阳台栏板内侧与栏板高度的乘积，花格所占孔洞面积已由系数综合考虑了，不予扣除，压顶或扶手需另列项计算。

3. 计算公式

$$女儿墙装饰抹灰工程量 =L \times h$$

式中，L 为女儿墙内墙周长；h 为女儿墙高。

$$阳台栏板内饰抹灰工程量 =L \times h$$

式中，L 为阳台栏板内侧周长；h 为栏板高。

（五）装饰抹灰分格、嵌缝

1. 计算规则

装饰抹灰分格、嵌缝按装饰抹灰面面积计算。

2. 计算规则说明

装饰抹灰分格、嵌缝是为了达到施工质量要求及美化墙面而做的构造，以装饰抹灰面积进行计算。

3. 计算公式

$$装饰抹灰分格、嵌缝工程量 = 墙长 \times 墙高$$

（六）墙面贴块料面层

1. 计算规则

墙面贴块料面层按实贴面积计算。

2. 计算规则说明

（1）“实贴面积”是指按图示尺寸，扣除门窗洞口和 0.3 m^2 以上的孔洞所占的面积，增加门窗洞口及孔洞侧壁面积。

（2）墙面贴块料、饰面高度在 300 mm 以内者，按楼地面工程中踢脚板定额执行。

（3）本条规则适用于外墙和内墙。

3. 计算公式

外墙块料面层面积 = 外墙外边线 × 檐高 − 门窗洞口和 0.3 m^2 以上的孔洞所占的面积 + 附墙柱侧面实贴面积 + 门窗洞口侧面面积

外墙裙块料面层面积 = 外墙外边线 × 墙裙高 − 门窗洞口和 0.3 m^2 以上的孔洞所占的面积 + 附墙柱侧面实贴面积 + 门窗洞口侧面面积

内墙块料面层面积 = 内墙净长线 × 净高 − 门窗洞口和 0.3 m^2 以上的孔洞所占的面积 + 附墙柱侧面实贴面积 + 门窗洞口侧面面积

内墙裙块料面层面积 = 内墙净长线 × 墙裙高 − 门窗洞口和 0.3 m^2 以上的孔洞所占的面积 + 附墙柱侧面实贴面积 + 门窗洞口侧面面积

（七）零星项目

1. 计算规则

零星项目按设计图示尺寸以展开面积计算，但属其他零星项目的挂贴花岗岩、大理石柱墩、柱帽按最大外径周长计算。

2. 计算规则说明

（1）镶贴块料和装饰抹灰的零星项目适用于挑檐、天沟、腰线、窗台线、门窗套、压顶、扶手、雨篷周边等。

（2）装饰抹灰的设计图示尺寸是指建筑施工图的结构图所示构件的尺寸。

（3）镶贴块料的设计图示尺寸是指装饰施工图的构件的外围尺寸，即成活尺寸。

（4）挂贴大理石、花岗岩中其他零星项目的花岗岩、大理石是按成品考虑的。如阴、阳脚线，圆柱腰线等，按图示长度计算。

3. 计算公式

镶贴块料零星项目 = 装饰施工图图示成活尺寸计算出来的实贴面积

装饰抹灰零星项目 = 装饰抹灰图示结构尺寸所计算出来的面积

阴、阳脚线，圆柱腰线 = 图示长度

（八）隔断（图 6–7）

1. 计算规则

隔断按墙的净长 × 净高计算。扣除门窗洞口及 0.3 m^2 以上的孔洞所占的面积。全玻隔断的不锈钢边框工程量按展开面积计算。全玻隔断、全玻幕墙如有加强肋者，工程量按展开面积计算；玻璃幕墙、铝板幕墙以框外围面积计算。

2. 计算规则说明

（1）隔断按墙的净长 × 净高计算，小于或等于 0.3 m^2 的孔洞所占的面积不予扣除。

（2）隔断上的门窗另外列项计算工程量，厕所木隔断除外。

（3）全玻隔断边框按展开面积另外列项计算工程量。

（4）“玻璃幕墙、铝板幕墙框外围面积”是指玻璃幕墙、铝板幕墙装饰施工图图示成活尺寸。

3. 计算公式

隔断工程量 = 净长 × 净高 − 门窗洞口及 0.3 m^2 以上的孔洞所占的面积

玻璃幕墙、铝板幕墙工程量 = 框外围长 × 框外围高

图 6–7　隔断

四、墙、柱面工程定额有关项目的解释

（一）抹灰墙面

抹灰墙面按建筑质量要求可分为普通抹灰、中级抹灰和高级抹灰，总厚度为 15 ～ 20 mm。

1. 拉毛抹灰

拉毛抹灰一般用在有一定声学要求的部位。

2. 清水混凝土

清水混凝土清水混凝土即拆下模板后墙面不加任何装饰，能表现出混凝土的本色和模板的纹理，体现出一种质朴的美感。要选择纹理美观的模板，也可人工特制衬植，模板和接缝都要精心设计，使它能恰到好处地表现出自然美。

利用新拌混凝土的塑性，可在立面上形成各种线型，将组成材料中的粗细集料表面加工成外露集料，可获得不同的质感。

3. 水刷石

水刷石又称洗石，其装饰墙面星点闪烁，耐久性较好，但劳动量大，水泥使用量大，造价高，适用于装饰要求较高的民用建筑或在建筑的局部使用。水刷石装饰抹灰要求石粒清晰，分布均匀，紧密干净，色泽一致，不得有掉粒和接槎痕迹。

4. 干黏石

干黏石饰面效果与水刷石接近，比水刷石施工方便，可节约水泥 3%，石屑 50% 左右，造价降低 1/3。其缺点是黏结力差，不宜在首层的外墙面用，易积灰。

5. 斩假石饰面

斩假石饰面又称剁斧石，是仿天然石墙面的一种抹灰。斩假石坚固耐久，但造价高、费工，很难大面积应用。

6. 扫毛抹灰

扫毛抹灰即用竹丝管帚把面层砂浆扫出不同的方向条纹。一般用于对装饰要求不高的建筑。

7. 拉条抹灰

拉条抹灰即用专用模具或嵌条将面层砂浆做成竖线条。一般线条形状有细线形、半圆形、三角形、梯形和矩形等。要求线条垂直平整、深浅一致，表面光洁，不显接痕。

8. 彩色抹灰

彩色抹灰其水泥浆是用彩色水泥、无水氧化钙和皮胶加水配制成的。彩色水泥浆可用于砖、石和混凝土等各种基层上。其缺点是不宜在负温下施工。

9. 装饰线条抹灰

装饰线条抹灰常用于房间的天棚四周或舞台台口，装饰线条抹灰由黏结层、垫灰层、出灰层及罩面灰层组成，其线条的道数与外形按设计要求执行。

10. 喷砂仿石

喷砂仿石即用压缩空气通过喷除机具将聚合水泥砂浆喷射到抹灰底层上，仿制各种石材条纹，以获得逼真的效果。

（二）木、竹墙面

木、竹墙面具有朴实、典雅的气氛，给人以亲切温暖之感，此材料既可做墙裙，又可装饰到顶。用作木板墙、柱和木墙裙的材料种类很多，表面油漆呈各种颜色或本色。本色的有柏木、松木、橡木、柚木、胡桃木、水曲柳和榉木等多种，在墙面高级装饰中被广泛使用。对声学和保温隔热要求较高的墙面，在板面与墙体之间填充玻璃棉、矿棉、泡沫聚苯板和泡沫塑料等材料，可以提高吸声性能，作为装饰吸声板。

（三）石墙面

石墙面是指采用天然石料的墙面。天然石料如大理石、花岗石等，经过不同的加工处理制成块材、板块。它们具有质地坚硬，结构紧密，强度高，耐久性较强，色彩鲜艳等特点。天然石料加工要求较高，价格较贵，多作高级装饰工程之用。大理石墙面组织细密、坚实，颜色多样，纹理美观，一般用于高级装饰工程。

（四）裱糊类墙面

裱糊类墙面是指用纸或锦缎、墙布等贴在墙面上，起到良好装饰效果的一种墙面处理方法。

1. 墙纸类

墙纸类普通的纸经过特殊的加工处理后，可造出不同种类的壁纸。它具有耐擦洗、耐火、不易粘灰等特性，在其表面可印上凹凸不平的图案，具有很好的装饰性。

2. 墙布类

墙布类作壁面装饰的布料，如丝绸、麻布、木棉布和混纺品等，比壁纸更富有风格，花色品种更多，并具有吸声的特点，其缺点是易于沾污，易褪色。

（五）板材类墙面

1. 石棉水泥板

石棉水泥板一般用于屋面，但在特殊情况下，也可作为墙面装饰，能取得较好的声学效果，价格比其他材料低。吸声要求较好的，可在墙与板间填矿棉。

2. 石膏板

石膏板具有可钻、可钉、可锯、防火、隔声、质轻和不受虫蛀等特点。

3. 水泥刨花板

水泥刨花板是指在刨花板上喷上一层薄水泥，上面还可喷上各种颜色的漆。这种板美观、坚硬、平整，是目前广泛用于家具及墙面的装饰材料。

4. 镜面玻璃

镜面玻璃直接体现自身的质感和色彩，能反映周围的人物和景象，形成生动、华丽的空间，并具有扩大空间、化实体为虚体和引导方向的作用。

5. 有机玻璃

有机玻璃具有自重轻、易清洗、色彩清晰和易加工等特点。

6. 金属薄板

金属薄板可采用铝、铜、铝合金、不锈钢等材料，且可在其表面喷、烤、镀色。这种材料整固、耐用、新颖、美观，有强烈的时代感，一般用在有吸声、隔磁要求的房间。

7. 皮革墙面

皮革墙面具有温暖、舒适、消声和柔软的特点，一般用于幼儿园活动室、会议室和练功房等。

（六）喷涂类墙面

1. 内墙涂料

内墙涂料其材料一般为大白浆、可赛银浆，它们都具有耐破性、黏性好、色彩艳丽、价格低廉和施工方便等特点。

2. 喷石头漆

喷石头漆是用喷浆机将粉碎石渣、人造树脂混合浆料喷在墙面上，使墙面具有花岗岩一样的外观效果。

3. 喷漆滚花

喷漆滚花是用压缩机喷枪喷出涂料，形成一个个凹凸不平的纹理图案，再用滚筒滚压的一种墙面装饰方法。

任务四 天棚工程工程量计算

任务描述

小刘负责一个会议室的装修预算工作，在计算天棚工程的工程量时，他被复杂的吊顶造型难住了。会议室的吊顶有多个层次，还有灯带和检修口，他不知道该如何准确测量和计算这些部分的工程量。这使得他无法准确完成预算，影响了整个装修项目的筹备。天棚工程的工程量计算有什么技巧和方法呢？

任务分析

小刘在计算会议室天棚工程量时遇到困难，主要是因为吊顶造型复杂，涉及多种特殊结构。需要学习天棚工程各部分的工程量计算规则，包括吊顶龙骨、面层、灯带等，掌握针对复杂造型的计算技巧，才能帮助小刘准确计算工程量，顺利完成装修预算工作。

任务实施

一、天棚工程基本内容

天棚工程包括抹灰面层、天棚龙骨、顶棚面层、龙骨及饰面等部分。吊顶天棚包括天棚龙骨与天棚面层两个部分，预算中应分别列项。龙骨及饰面部分则综合了骨架和面层，各项目中包括了龙骨和饰面的工料。

吊顶龙骨按其吊挂方式不同分为双层龙骨和单层龙骨两种。龙骨底面不在同一水平面、下层紧贴上层的为双层龙骨；龙骨在同一水平面的为单层龙骨。造型天棚分一级和多级天棚，天棚面层在同一标高的为一级顶棚，天棚面层不在同一标高且高差在 200 mm 以上者，称为二级或三级顶棚。

天棚龙骨中，对剖圆木楞、方木楞按主楞跨度 3 m 以内、4 m 以内划分。轻钢龙骨和铝合金龙骨按一级天棚和多级天棚分别列项，同时，按面层规格 300 mm × 300 mm、450 mm × 450 mm、600 mm × 600 mm 三个规格划分。

二、天棚工程清单工程量的清单计算

（一）天棚抹灰

天棚抹灰的工程量清单项目的设置、项目特征描述的内容、计量单位、工程量计算规则可参考表 6–19。

表 6–19　天棚抹灰的工程量清单

项目名称	项目特征	计量单位	工程量计算规则	工程内容
天棚抹灰	基层类型； 抹灰厚度，材料种类； 装饰线条道数； 砂浆配合比	m^2	按设计图示尺寸以水平投影面积计算。不扣除间壁墙、垛、柱、附墙烟囱、检查口和管道的所占面积。带梁天棚，梁两侧抹灰面积并入天棚面积内，板式楼梯底面抹灰按斜面积计算，锯齿形楼梯底板抹灰按展开面积计算	基层清理； 底层抹灰； 抹面层； 抹装饰线条

（二）天棚吊顶

天棚吊顶包括天棚吊顶、格栅吊顶、吊筒吊顶、藤条造型悬挂吊顶、织物软雕吊顶等，它们的工程量清单项目的设置、项目特征描述的内容、计量单位、工程量计算规则可参考表 6–20。

表 6–20　天棚吊顶的工程量清单

项目名称	项目特征	计量单位	工程量计算规则	工程内容
天棚吊顶	吊顶形式、吊杆规格、高度； 龙骨材料种类、规格、中距； 基层、面层、服条、嵌缝、防护材料种类、规格	m^2	按设计图示尺寸以水平投影面积计算。天棚面中的灯槽及跌级天棚面积不展开计算。不扣除间壁墙等所占面积，扣除单个 0.3 m^2 以外的孔洞与天棚相连的窗帘盒所占的面积	基层清理、吊杆安装； 龙骨安装； 基层板铺贴； 面层铺贴； 嵌缝； 刷防护材料
格栅吊顶	龙骨材料种类、规格、中距； 基层、面层、防护材料种类、规格		按设计图示尺寸以水平投影面积计算	基层清理； 安装龙骨； 基层板铺贴； 面层铺贴； 刷防护材料

续表

项目名称	项目特征	计量单位	工程量计算规则	工程内容
吊筒吊顶	吊筒形状、规格； 吊筒材料种类； 防护材料种类	m^2	按设计图示尺寸以水平投影面积计算	基层清理； 吊筒制作安装； 刷防护材料
藤条造型悬挂吊顶	底层厚度、砂浆配合比； 骨架材料种类、规格； 面层材料品种、规格、颜色； 防护层材料种类			基层清理； 龙骨安装； 铺贴面层
织物软雕吊顶				

（三）天棚其他装饰

天棚其他装饰主要包括灯带、送风口、回风口等，它们的工程量清单项目的设置、项目特征描述的内容、计量单位、工程量计算规则可参考表 6–21。

表 6–21　天棚其他装饰的工程量清单

项目名称	项目特征	计量单位	工程量计算规则	工程内容
灯带	灯带型号、尺寸； 格栅片材料种类、规格、品牌、颜色； 安装固定方式	m^2	按设计图示尺寸以框外围面积计算	安装、固定
送风口、回风口	风口材料品种、规格、品牌、颜色； 安装固定方式； 防护材料种类	个	按设计图示数量计算	安装、固定； 刷防护材料

（四）采光天棚工程

采光天棚工程的工程量清单项目的设置、项目特征描述的内容、计量单位、工程量计算规则可参考表 6–22。

表 6–22　采光天棚工程的工程量清单

项目名称	项目特征	计量单位	工程量计算规则	工程内容
采光天棚	骨架类型； 固定类型、固定材料种类、规格； 面层材料品种、规格； 嵌缝、塞口材料种类	m^2	按框外展开面积计算	清理基层； 面层制作安装； 嵌缝、塞口； 清洗

三、天棚工程量的计算规则

（一）天棚抹灰工程量计算规则

（1）抹灰面积按柱墙间的净面积计算，不扣除柱、垛、间壁墙、附墙烟囱、检查口和管道所占的面积。带梁天棚、梁两侧抹灰面积并入天棚抹灰工程量内计算。

（2）密肋梁和井字梁天棚抹灰面积按展开面积计算。

（3）天棚抹灰带有装饰线时，装饰线按延长米计算。装饰线的道数以一个突出的棱角为一道线。

（4）檐口天棚及阳台、雨篷底的抹灰面积并入相应的天棚抹灰工程量内计算。

（5）天棚中的折线、灯槽线、圆弧形线、拱形线等艺术形式的抹灰，按展开面积计算，并入相应的天棚抹灰工程量内。

（二）各种吊顶天棚龙骨

各种吊顶天棚龙骨按主墙间净空面积，以 m^2 计算。不扣除间壁墙、检查口、附墙烟囱、柱、灯孔、垛和管道所占面积。

（三）天棚龙骨

1. 计算规则

各种吊顶天棚龙骨按主墙间净面积计算。不扣除间壁墙、检查洞、附墙烟囱、柱、垛和管道所占面积。

2. 计算规则说明

（1）按主墙间净面积计算。“主墙”是指砖墙，砌块墙厚 180 mm 以上（包括 180 mm）或超过 100 mm 以上（包括 100 mm）的钢筋混凝土剪力墙；“非主墙”是指其他非承重的间壁墙；“净面积”是指天棚面扣除主墙所占的面积。由天棚定额的制定中可以看到，天棚龙骨定额均是按天棚净投影面积计算的，故计算天棚龙骨工程量也按天棚净投影面积计算。

（2）不扣除间壁、检查洞、附墙烟囱、柱、垛和管道所占面积。由于龙骨制作有一定的空距，因此以上各结构部位对龙骨制作的影响相对较小，定额中已综合考虑了这部分的损耗，在计算时不扣除。

（3）天棚面层在同一标高者为平面天棚，不在同一标高者为跌级天棚，龙骨工程量计算规则是相同的，皆按主墙向净投影面积计算，单价上有所区别。

3. 计算公式

天棚龙骨工程量 = 天棚净面积工程量

= （房间长的轴线尺寸 − 主墙厚）×（房间宽的轴线尺寸 − 主墙厚）

（四）天棚基层

1. 计算规则

天棚基层按展开面积计算。

2. 计算规则说明

（1）预算中的“天棚基层”是指安装在主次龙骨面上作为面层底衬的胶合板或石膏板。

（2）以“展开面积”计算是指把天帽凹凸面等展开后的全部面积合并计算。

（3）天棚基层计算中需要扣除和不需要扣除的部分同天棚面层。

3. 计算公式

天棚基层 =（楼梯间宽的轴线尺寸 − 主墙厚）×（楼梯间长的轴线尺寸 − 主墙厚）+ 凸凹面

展开面积 $-0.3\ m^2$ 以上的孔洞、独立柱、灯槽及与天棚相连的窗帘盒所占面积

（五）天棚装饰面层

1. 计算规则

天棚装饰面层按主墙间实钉（胶）面积以 m^2 计算，不扣除间壁墙、检查口、附墙烟囱、垛和管道所占面积，但应扣除 0.3 m^2 以上的孔洞、独立柱、灯槽及与天棚相连的窗帘盒所占面积。

2. 计算规则说明

（1）“天棚装饰面层按主墙间实钉（胶）面积以 m^2 计算”是指以天棚主墙间实际钉（胶）的各展开面的面积计算。

（2）“不扣除间壁墙、检查口、附墙烟囱、垛和管道所占面积”是指为了简化计算，无论面层做于间壁墙之外还是间壁墙之上，在定额中已经包含了这部分的消耗，因此计算时不需扣除。“检查口、附墙烟囱、垛和管道”所占面积很小，在 0.3 m^2 以内，定额中也已考虑其工料消耗，计算时不必扣除，也不必另算。

（3）“应扣除 0.3 m^2 以上的孔洞、独立柱、灯槽及与天棚相连的窗帘盒所占面积”是指这部分面积较大，计算天幅面层工程量时应扣除。需要注意的是，如果窗帘盒做于面层之上，其所占面积不能扣除。天棚中的灯槽可按“其他工程”中的灯槽定额子目计算，但饰面层按展开面积合并在天棚面的饰面工程量中计算。天棚中的折线、叠落等圆弧形、棋形、艺术形式天棚的饰面，均按展开面积计算。

3. 计算公式

天棚面层装饰面积 =（楼梯间宽的轴线尺寸 – 主墙厚）×（楼梯间长的轴线尺寸 – 主墙厚）+
各展开面积 $-0.3\ m^2$ 以上的孔洞、独立柱、灯槽及与天棚相连的窗帘盒所占面积

（六）定额中龙骨、基层、面层合并列项的子目

1. 计算规则

各种吊顶天棚龙骨、基层、面层合并列项的子目计算时，不扣除间壁墙、检查洞、附墙烟囱、柱、垛和管道所占面积。

2. 计算规则说明

各种居顶天棚龙骨、基层、面层合并列项的子目计算规则解释同天棚龙骨计算规则。

3. 计算公式

天棚龙骨、基层、面层合并项目工程量 = 天棚净面积工程量
=（房间长的轴线尺寸 – 主墙厚）×（房间宽的轴线尺寸 – 主墙厚）

（七）板式楼梯地面的装饰工程量

1. 计算规则

板式楼梯底面的装饰工程量按水平投影面积乘系数 1.15 计算，梁式楼梯底面按展开面积计算。

2. 计算规则说明

（1）“楼梯底面的装饰工程量”包括楼梯段底面装饰和平台底面装饰两部分。

（2）“板式楼梯底面装饰”是斜面，为简化计算，其工程量按水平投影面积乘系数 1.15 计算。

（3）“梁式楼梯底面”结构比较复杂，定额规定按展开面积计算。

3. 计算公式

板式楼梯底面工程量 = 楼梯水平投影面积 × 1.15 梁式楼梯底面斜平顶工程量

= 按展开面积计算梁式楼梯底面锯齿顶工程量

= 按展开面积计算

（八）灯光槽工程量

1. 计算规则

灯光槽按延长米算。

2. 计算规则说明

（1）计算一般直线形天棚工程量时已将这部分面积扣除，因此灯光槽制作安装需计算工程量，定额规定按延长米计算。

（2）艺术造型天棚项目中包括灯光槽的制作安装，不需另算。

3. 计算公式

灯光槽工程量 = 灯光槽图示长度

（九）保温层或吸声层工程量

1. 计算规则

保温层或吸声层按实铺面积计算。

2. 计算规则说明

“实铺面积”是指吊顶保温层或吸声层实际铺设的面积，这里指水平投影面积。

3. 计算公式

保温层或吸声层工程量 = 水平投影面积

（十）网架工程量

1. 计算规则

网架按水平投影面积计算。

2. 计算规则说明

网架结构繁多，按水平投影面积计算，不扣除镂空部分工程量。

3. 计算公式

网架工程量 = 水平投影面积

（十一）嵌缝工程量

1. 计算规则

嵌缝按 m 计算。

2. 计算规则说明

由于石膏板在拼接时存在缝隙，为了达到质量要求，使吊顶面层平整且不易裂缝，处理方式是在缝隙上沿长度方向贴绷带，故按 m 来计算。

3. 计算公式

嵌缝工程量 = 实贴长度

拓展阅读

定额中特殊工程的计算方法

特殊工程指的是非常用工程，如造型复杂、材料丰富的装饰构造。如果直接套用定额中的参数和项目，难免会发生误差，首先应该读懂图纸中的细节，再来确定套用定额中的哪种项目。如果定额中没有该项目，那么就独立编制计算，当然需注意这种情况不宜过多。

特殊工程的计算方法还是要以施工工艺为主。在装饰施工中，按面积、长度来计算的工程量仍然按旧。如果定额中没有相关项目，也要根据实际施工工艺，通过面积和长度来进行计量，不要轻易用套、项、件等单位用词，尽量将工艺构造分解。

四、天棚工程量定额的有关项目解释

天棚与地面是形成空间的两个水平面，应与其他专业相配合来完成，如天棚是否好看，与风口的位置、消防喷水孔位置等有很大的关系，因此，设计天棚时必须全盘考虑各方面的因素。

天棚的设计应与空间环境相协调，按其空间形式来选择相应的做法。天棚可归纳为吊顶、平顶和叠落式天棚三大类。

（一）吊顶

吊顶是将天棚上的电线管、通风管和水管隐藏在天棚里，使外面空间显得美观。吊顶具体分类见表 6–23。

表 6–23　吊顶的分类

项目	解释
抹灰面层吊顶	抹灰面层吊顶是由木板条、钢板网抹灰面组成，抹灰层由 3～5 mm 厚的底层（麻刀、水泥、白灰砂浆），5～6 mm 厚的中间层（水泥、白灰浆），2 mm 厚的纸筋灰罩面或喷砂，再喷色浆或涂料组成
板材面层吊顶	板材一般为石膏板、矿棉吸声板、五夹板、金属板和镜面玻璃等。主格栅间距视吊顶重量和板材规格而定，通常不大于 1 200 mm；次格栅的布置与板材规格尺寸及板缝处理方式相适应
立体面吊顶	立体面吊顶就是将面层做成立体形状
花格吊顶	花格吊顶就是将面层用木框或金属编制成各种形式的花格

（二）叠落式天棚

天棚处在不同的标高上，上下错落，称为叠落式天棚。叠落式天棚适用于餐厅、会议室等结构梁底标高比较低的空间，可以增加空间高度及局部高度。

任务五　门窗工程工程量计算

任务描述

某建筑公司承接了一个住宅小区的建设项目，在计算门窗工程的工程量时，预算员发现不同类型的门窗计算方式不一样，而且对于门窗套、窗台板等附属构件的计算规则也不太清楚。比如，铝合金门窗和木质门窗的计算方法有何不同？门窗套是按面积还是长度计算？这让预算员在做预算时感到十分困惑，影响了整个项目的造价核算。门窗工程的工程量该如何准确计算呢？

任务分析

建筑公司预算员在住宅小区项目中对门窗工程量计算感到困惑，这是由于门窗类型多样且附属构件计算规则复杂。需要学习不同类型门窗及附属构件的工程量计算规则，明确其计算方法和计量单位，才能帮助预算员准确计算门窗工程的工程量，做好项目造价核算工作。

任务实施

一、门窗工程基本内容

门窗项目主要可划分为普通木门、特种门、普通木窗、铝合金门窗、塑料门窗、钢门窗、铝合金踢脚板及门锁等部分。

普通木门又可分为镶板门、胶合板门、半截玻璃门、自由门、连窗门五类，每一类又按带纱或不带纱、单扇或双扇、带亮或不带亮等来划分项目，将门框制作、门框安装、门扇制作、门扇安装分别列项，可单独计算，也可合并计算。

厂库房大门、特种门又分为木板大门、平开钢木大门、推拉钢木大门、冷藏库门、冷藏冻结间门、防火门、保温门、变电室门、折叠门 9 种，按平开或推拉、带采光窗或不带采光窗、一面板或二面板（防风型、防严寒）、保温层厚 100 mm 或 150 mm，实拼式或框架式等方法划分项目；将门扇制作和门扇安装、门樘制作安装和门扇制作安装、衬石棉板(单、双）或不衬石在棉板分别列项。

普通木窗分为单层玻璃窗、一玻一纱窗、双层玻璃窗、双层带纱窗、百叶窗、天窗、推拉传递窗、圆形玻璃窗、半圆形玻璃窗、门窗扇包镀锌铁皮、门窗框包镀锌铁皮 11 个部分。每一部分又可分为单扇无亮、双扇带亮、三扇带亮、四扇带亮、带木百叶片等。

铝合金门窗制作、安装分为单扇地弹门、双扇地弹门、四扇地弹门、全玻地弹门、单扇平开门、单扇平开窗、推拉窗、固定窗、不锈钢片包门框 9 种，每一种又按无上亮或带上亮、无侧亮或带侧亮或带顶窗等方法划分项目，铝合金、不锈钢门窗安装分为地弹门、不锈钢地弹门、平开门、推拉窗、固定窗、平开窗、防盛窗、百叶窗、卷闸门 9 种。

塑料门窗安装分为塑料门带亮、不带亮、塑料窗单层、带纱 4 个项目。

钢门窗安装分为普通钢门、普通钢窗、钢天窗、组合钢窗、防盗钢窗、钢门窗安玻璃、全钢板大门、围墙钢大门 8 种，其 18 个项目；按单层或带纱、平开式或推拉式或折叠门、钢管框铁丝网或角钢框铁丝网等方法划分项目；将钢大门的门扇制作和门扇安装分别列项。

铝合金踢脚板及门锁安装分为门扇铝合金踢脚版安装和门扇安装 2 个项目。

二、门窗清单工程量的清单计算

（一）木门

木门主要包括镶板木门、企口木门、装饰门、胶合板门、夹板装饰门、木质防火门、木纱门、连窗门，它们的工程量清单项目的设置、项目特征描述的内容、计量单位、工程量计算规则可参考表 6–24。

表 6-24　木门的工程量清单

项目名称	项目特征	计量单位	工程量计算规则	工程内容
镶板木门	门类型； 框截面尺寸、单扇面积； 骨架材料种类； 面层材料品种、规格、品牌、颜色； 玻璃品种、厚度、五金材料、品种、规格； 防护层材料种类； 油漆品种、刷漆遍数	樘 /m²	按设计图示数量计算或设计图示洞口尺寸以面积计算	门制作、运输、安装； 五金、玻璃安装； 刷防护材料、油漆
企口木门				
装饰门				
胶合板门				
夹板装饰门	门类型； 框截面尺寸、单扇面积； 骨架材料种类； 防火材料种类； 门纱材料品种、规格； 面层材料品种、规格、品牌、颜色； 玻璃品种、厚度、五金材料、品种、规格； 防护材料种类； 油漆品种、刷漆遍数			
木质防火门				
木纱门				
连窗门	门窗类型； 框截面尺寸、单扇面积； 骨架材料种类； 面层材料品种、规格、品牌、颜色； 玻璃品种、厚度、五金材料、品种、规格； 防护材料种类； 油漆品种、刷漆遍数			

（二）金属门

金属门主要包括金属平开门、金属推拉门、金属地弹门、彩板门、塑钢门、防盗门、钢制防火门，它们的工程量清单项目的设置、项目特征描述的内容、计量单位、工程量计算规则可参考表 6–25。

表 6–25　金属门的工程量清单

项目名称	项目特征	计量单位	工程量计算规则	工程内容
金属平开门	门类型； 框材质、外围尺寸； 扇材质、外围尺寸； 玻璃品种、厚度、五金材料、品种、规格； 防护材料种类； 油漆品种、刷漆遍数	樘 /m²	按设计图示数量计算或设计图示洞口尺寸以面积计算	门制作、运输、安装； 五金、玻璃安装； 刷防护材料、油漆
金属推拉门				
金属地弹门				
彩板门				
塑钢门				
防盗门				
钢制防火门				

（三）金属卷帘门

金属卷帘门主要有金属卷闸门、金属格栅门、防火卷帘门等，它们的工程量清单项目的设置、项目特征描述的内容、计量单位、工程量计算规则可参考表 6–26。

表 6–26　金属卷帘门的工程量清单

项目名称	项目特征	计量单位	工程量计算规则	工程内容
金属卷闸门	门材质、框外围尺寸； 启动装置品种、规格、品牌； 五金材料、品种、规格； 刷防护材料种类； 油漆品种、刷漆遍数	樘 /m^2	按设计图示数量计算或设计图示洞口尺寸以面积计算	门制作、运输、安装输、安装； 五金、玻璃安装； 刷防护材料、油漆
金属格栅门				
防火卷帘门				

（四）其他门

其他门主要有平开电子感应门、旋转门、电子对讲门、电动伸缩门、全玻门、全玻自由门、半玻门、镜面不锈钢饰面门等，它们的工程量清单项目的设置、项目特征描述的内容、计量单位、工程量计算规则可参考表 6–27。

表 6–27　其他门的工程量清单

项目名称	项目特征	计量单位	工程量计算规则	工程内容
平开电子感应门	门材质、品牌、外围尺寸； 玻璃品种、厚度、五金材料、品种、规格； 电子配件品种、规格、品牌； 防护材料种类； 油漆品种、刷漆遍数	樘 /m^2	按设计图示数量计算或设计图示洞口尺寸以面积计算	门制作、运输、安装； 五金、电子配件安装； 刷防护材料、油漆
旋转门				
电子对讲门				
电动伸缩门				
全玻门				
全玻自由门	门类型； 框材质、外围尺寸； 扇材质、外围尺寸； 玻璃品种、厚度、五金材料、品种、规格； 防护材料种类； 油漆品种、刷漆遍数			
半玻门				
镜面不锈钢饰面门				

（五）金属窗

金属窗主要包括金属推拉窗、金属平开窗、金属固定窗、金属百叶窗、金属组合窗、彩板窗、塑钢窗、特殊五金等，它们的工程量清单项目的设置、项目特征描述的内容、计量单位、工程量计算规则可参考表 6–28。

表 6–28　金属窗的工程量清单

项目名称	项目特征	计量单位	工程量计算规则	工程内容
金属平开窗	窗类型； 框材质、外围尺寸； 扇材质、外围尺寸	樘 /m^2	按设计图示数量计算或设计图示洞口尺寸以面积计算	窗制作、运输、安装； 五金、玻璃安装； 刷防护材料、油漆
金属推拉窗				
金属固定窗				
金属百叶窗				
金属组合窗	玻璃品种、厚度、五金材料、品种、规格； 防护材料种类； 油漆品种、刷漆遍数			
彩板窗				
塑钢窗				
特殊五金	五金名称、用途； 五金材料、品种、规格			五金安装； 刷防护材料

（六）门窗套

门窗套包括木门窗套、金属门窗套、石材门窗套、门窗木贴脸、硬木筒子板、饰面夹板筒子板等，它们的工程量清单项目的设置、项目特征描述的内容、计量单位、工程量计算规则可参考表 6–29。

表 6–29　门窗套的工程量清单

项目名称	项目特征	计量单位	工程量计算规则	工程内容
木门窗套	底层厚度、砂浆配合比； 立筋材料种类、规格； 基层材料种类； 防护材料种类； 油漆品种、刷漆遍数； 面层材料品种、规格、品牌、颜色	樘 /m²	按设计图示尺寸以展开面积计算	清理基层； 底层抹灰； 立筋制作、安装； 基层板安装； 面层铺贴； 刷防护材料、油漆
金属门窗套				
石材门窗套				
门窗木贴脸				
硬木筒子板				
饰面夹板筒子板				

（七）厂库房大门、特种门

厂库房大门、特种门主要包括木板大门、钢材大门、全钢板大门、防护铁丝门、金属栅格门、钢制花饰大门和特种门等，它们的工程量清单项目的设置、项目特征描述的内容、计量单位、工程量计算规则可参考表 6–30。

表 6–30　厂库房大门、特种门的工程量清单

项目名称	项目特征	计量单位	工程量计算规则	工程内容
木板大门	门代号及洞口尺寸； 门框或扇外围尺寸； 门框、扇材质； 五金种类、规格； 防护材料种类	樘 /m²	以樘计量，按设计图示数量计算； 以米计量，按设计图示洞口尺寸以面积计算	门（骨架）制作、运输； 门、五金配件安装； 刷防护材料
钢材大门				
全钢板大门				
防护铁丝门				
金属栅格门	门代号及洞口尺寸； 门框或扇外围尺寸； 门框、扇材质； 启动装置品种、规格			门安装； 启动装置、五金配件安装
钢制花饰大门	门代号及洞口尺寸； 门框及扇外围尺寸； 门框、扇材质			门安装； 五金配件安装
特种门				

（八）窗帘盒、窗帘轨

窗帘盒、窗帘轨包括木窗帘盒、饰面夹板、塑料窗帘盒、铝合金属窗帘盒、窗帘轨等，它们的工程量清单项目的设置、项目特征描述的内容、计量单位、工程量计算规则可参考表 6–31。

表 6-31　窗帘盒、窗帘轨的工程量清单

项目名称	项目特征	计量单位	工程量计算规则	工程内容
木窗帘盒	窗帘盒材质、规格、颜色； 窗帘轨材质、规格； 防护材料种类； 油漆种类、刷漆遍数	m	按设计图示尺寸以长度计算	制作、运输； 刷防护漆、油漆
饰面夹板				
塑料窗帘盒				
铝合金属窗帘				
窗帘轨				

（九）窗台板

窗台板包括木窗台板、铝塑窗台板、石材窗台板、金属窗台板等，它们的工程量清单项目的设置、项目特征描述的内容、计量单位、工程量计算规则可参考表 6-32。

表 6-32　窗台板的工程量清单

项目名称	项目特征	计量单位	工程量计算规则	工程内容
木窗台板	找平层厚度、砂浆配合比； 窗台板材质、规格、颜色； 防护材料种类； 油漆种类、刷漆遍数	m	按设计图示尺寸以长度计算	基层清理； 抹找平层； 窗台板制作、安装； 刷防护材料、油漆
铝塑窗台板				
石材窗台板				
金属窗台板				

三、门工程量的计算规则

（一）铝合金门窗、彩板组角门窗、塑钢门窗

1. 计算规则

铝合金门窗、彩板组角门窗、塑钢门窗安装均按洞口面积以 m^2 计算。纱扇制作按扇外围面积计算。

2. 计算规则说明

（1）“按洞口面积”是指按设计洞口面积，即结构尺寸。

（2）“纱扇制作按扇外围面积”是指按门窗的设计图示尺寸。

3. 计算公式

$$门窗工程量 = 门窗洞口图示长度 \times 门窗洞口图示宽度 \times 个数$$

（二）卷闸门

1. 计算规则

卷闸门安装按其安装高度乘以门的实际宽度以 m^2 计算。安装高度算至滚筒顶点为准。带卷筒罩的按展开面积增加。电动装置安装以套计算，小门安装以个计算，小门面积不扣除。

2. 计算规则说明

（1）卷闸门的卷筒或卷筒罩一般安装在洞口上方，安装的实际面积要比洞口面积大，因此工程量应另行计算。

（2）在安装卷闸门时，卷闸门的宽度可以按门的实际宽度来取定，但高度必须比门的实际高度要高，实验测定一般卷闸门的高度要比门的高度高出 600 mm。有卷筒罩时，卷筒罩工程量还应展开计算合并于卷闸门中。

（3）电动装置安装需按“套”另行计算。

（4）卷闸门上安装的小门需另外以“个”计算工程量，计算卷闸门工程量时不需扣除小门所占面积，定额中已综合考虑了其工料消耗。

3. 计算公式

卷闸门工程量 = 门的宽度 ×（门高度 +600 mm）+ 卷筒罩展开面积

（三）防盗门、防盗窗、不锈钢格栅门工程量

1. 计算规则

防盗门、防盗窗、不锈钢格栅门按框外围面积以 m^2 计算。

2. 计算规则说明

“按框外围面积以 m^2 计算”是指防盗门、防盗窗、不锈钢格栅门按门框设计图示外围尺寸计算。

3. 计算公式

防盗门、防盗窗、不锈钢格栅门工程量 = 门窗图示长度 × 门窗图示宽度 × 个数

（四）成品防火门、防火卷帘门工程量

1. 计算规则

成品防火门以框外围面积计算，防火卷帘门从地（楼）面算至端板顶点的高度乘以设计宽度。

2. 计算规则说明

“以框外围面积计算”是指成品防火门工程量以设计门框外围图示尺寸计算。

3. 计算公式

成品防火门工程量 = 门窗图示长度 × 门窗图示宽度 × 个数

防火卷帘门工程量 = 图示高度 × 设计宽度 × 个数

（五）实木门框、门扇制作安装

1. 计算规则

实木门框制作安装以延长米计算。实木门扇制作安装及装饰门扇制作安装按扇外围面积计算。装饰门扇及成品门扇安装按扇计算。

2. 规则说明

（1）框扇制作、安装分开计算，便于计算有关费用。

（2）“按扇外围面积计算”是指按门扇图示尺寸计算，框尺寸除外。

（3）装饰门扇及成品门扇安装按“扇”计算是指计量单位。

3. 计算公式

实木门框制作安装工程量 = 门框实际图示设计长度

门扇制作安装工程量 = 图示高度 × 设计宽度 × 个数

装饰门扇及成品门扇工程量 = 门扇个数

（六）木门扇皮制隔声面层和装饰板隔声面层工程量

1. 计算规则

木门扇皮制隔声面层和装饰板隔声面层按单面面积计算。

2. 计算规则说明

木门扇皮制隔声面层和装饰板隔声面层虽然双面都有，但在定额消耗量中已综合考虑了，因此只需计算单面面积。

3. 计算公式

木门扇皮制隔声面层和装饰板隔声面层工程量 = 门扇图示设计高度 × 图示设计宽度

（七）装饰材料包门窗套

1. 计算规则

不锈钢板包门框、门窗套、花岗岩门套、门窗筒子板按展开面积计算。门窗贴脸、窗帘盒、窗帘轨按延长米计算。

2. 规则说明

（1）“不锈钢板包门框，门窗套”指将门框的木材表面用不锈钢片保护起来，增加门的美观，还可免火种直接烧烤。

（2）注意不锈钢等装饰材料包门窗框是按展开面积计算，即实包面积。

3. 计算公式

门窗套工程量 = 门窗套展开面积

（八）窗台板工程量

窗台板按实铺面积计算。

（九）电子感应门及转门工程量

电子感应门及转门按定额尺寸以樘计算。

（十）不锈钢电动伸缩门工程量

不锈钢电动伸缩门以樘计算。

四、门窗工程定额有关项目的解释

（一）门的分类

门的类型很多，按材料分为钢门、木门、铝合金门和塑钢门，按开启方式分为平开门、弹簧门、上翻门、推拉门、单扇升降门、折门、卷帘门、转门和自动门。

（二）门的构造

铝合金门是铝型材作框、框内嵌玻璃制成的门。通常用于门厅、商店橱窗等主要公共场所，具有质轻、耐久和美观等特点。

转门由门扇、侧壁和转动装置组成。框用不锈钢或铝做成，为了方便使用，宜全部或大部分嵌玻璃。转门起防风和保温作用，通常用于建筑物门厅的入口。

（三）门的细部构造

门套起美化门洞的作用，是在门洞内侧用木板、胶合板及大理石覆盖起来，通常用于要求较高的装饰工程中。门帘盒用于电教室、报告厅等，在白天放映录像时起遮光作用。

（四）窗的构造

普通窗一般采用钢窗、木窗，各地都有标准图，可按其功能需要和洞口尺寸直接选用，通常用于民居、办公室等装饰要求不太高的场所。铝合金窗框料为管材，分为古铜色或银白色两种，通常为工厂定做，玻璃面积较大，外观简洁大方，有利于采光，一般用于档次较高的场所。遮光窗不透光，但需要通风。遮光窗百叶可水平也可垂直放置，可用木料或金属制作，关键是要互相咬合，保证光线不能透过。

（五）窗的细部

窗的细部由窗帘盒和窗套组成。窗帘盒材料可分为塑料、木料、铝合金、纸面石膏板及竹板等。可以嵌入天棚中，也可做在天棚以下，裸露在空间中。用何种形式取决于空间结构。窗套的构造与门套构造相似，通常用于档次较高的场所。

（六）特殊门窗

特殊门窗包括防风雨、防风沙、防寒、冷藏、保温和隔声及防火、防放射线等用途的门窗。门窗密闭用嵌填材料，有厚城布、毛毯、帆布包内填矿棉或玻璃棉等松散材料、橡皮、海绵橡皮、聚氯乙烯塑料和泡沫塑料等，制成条形、管状及适宜于密闭的各种断面。密闭安装方式大致分为外贴式（木窗居多）、内嵌式（钢窗为主）和嵌缝式三类。

（七）特殊门窗的构造

防火门有不同的构造做法，其防火极限分为 2 小时、1.5 小时、1 小时、0.75 小时和 0.42 小时等，分别用于不同等级的建筑和不同生活、生产储藏等方面。

任务六 油漆、涂料、裱糊工程工程量计算

任务描述

在一个旧房改造项目中，施工人员在计算油漆、涂料、裱糊装饰工程的工程量时出现了错误。他们在计算墙面油漆工程量时，没有考虑到门窗洞口的面积该如何扣除，对于一些特殊造型的墙面也不知道该如何准确测量计算。这导致购买材料的数量不准确，多买了不少材料造成浪费，成本增加。要是提前清楚这些工程的工程量计算方法就好了，那么油漆、涂料、裱糊装饰工程的工程量究竟该怎么计算呢？

任务分析

旧房改造项目中施工人员因计算失误导致材料浪费和成本增加，这凸显了准确计算油漆、涂料、裱糊装饰工程工程量的重要性。需要学习这些工程的工程量计算规则，掌握门窗洞口等特殊部位的处理方法，以及特殊造型墙面的测量计算技巧，才能避免类似错误，有效控制成本。

任务实施

一、油漆、涂料、裱糊装饰工程基本内容

油漆装饰工程项目按基层不同分为木材面油漆、金属面油漆和抹灰面油漆，在该基础之上，按刷漆部位、油漆品种分项。

二、油漆、涂料、裱糊清单工程量的清单计算

（一）门油漆

门油漆的工程量清单项目的设置、项目特征描述的内容、计量单位、工程量计算规则可参考表 6-33。

表 6-33 门油漆的工程量清单

项目名称	项目特征	计量单位	工程量计算规则	工程内容
门油漆	门类型； 腻子种类； 刮腻子要求； 防护材料种类； 油漆品种、刷漆遍数	樘 /m^2	按设计图示数量或设计图示单面洞口面积计算	基层清理； 刮腻子； 刷防护材料、油漆

（二）窗油漆

窗油漆的工程量清单项目的设置、项目特征描述的内容、计量单位、工程量计算规则可参考表 6–34。

表 6–34　窗油漆的工程量清单

项目名称	项目特征	计量单位	工程量计算规则	工程内容
窗油漆	窗类型； 腻子种类； 刮腻子要求； 防护材料种类； 油漆品种、刷漆遍数	樘 /m^2	按设计图示数量或设计图示单面洞口面积计算	基层清理； 刮腻子； 刷防护材料、油漆

（三）木扶手及其他板条线条油漆

木扶手及其他板条线条油漆包括木扶手油漆，窗帘盒油漆，封檐板、顺水版油漆等，它们的工程量清单项目的设置、项目特征摧述的内容、计量单位、工程量计算规则可参考表 6–35。

表 6–35　木扶手及其他板条线条油漆的工程量清单

项目名称	项目特征	计量单位	工程量计算规则	工作内容
木扶手油漆	腻子种类； 刮腻子要求； 油漆体单位展开面积； 油漆部位长度； 防护材料种类； 油漆品种、刷漆遍数	m	按设计图示尺寸以长度计算	基层清理； 刮腻子； 刷防护材料、油漆
窗帘盒油漆				
封檐板、顺水板油漆				
挂衣板、黑板框油漆				
挂镜线、窗帘棍、单独木线油漆				

（四）木材面油漆

木材面油漆包括暖气罩油漆、梁柱饰面油漆、零星木装饰油漆、木地板油漆、木地板烫硬蜡面油漆，它们的工程量清单项目的设置、项目特征描述的内容、计量单位、工程量计算规则可参考表 6–36。

表 6–36　木材面油漆的工程量清单

项目名称	项目特征	计量单位	工程量计算规则	工作内容
暖气罩油漆	腻子种类； 刮腻子要求； 防护材料种类； 油漆品种、刷漆遍数	m^2	按设计图示尺寸以面积计算	基层清理； 刮腻子； 刷防护材料油漆
梁柱饰面油漆			按设计图示尺寸以油漆部分展开面积计算	
零星木装饰油漆				
木地板油漆			按设计图示尺寸以面积计算。空洞、空圈的开口部分并入相应的工程量内。	基层清理； 烫蜡
木地板烫硬蜡面油漆	硬蜡要求； 面层处理要求			

（五）抹灰面油漆

抹灰面油漆包括抹灰面油漆、抹灰线条油漆等，它们的工程量清单项目的设置、项目特征描述的内容、计量单位、工程量计算规则可参考表 6–37。

表 6–37 抹灰面油漆的工程量清单

项目名称	项目特征	计量单位	工程量计算规则	工作内容
抹灰面油漆	基层类型； 线条宽度、道数； 腻子种类； 刮腻子要求； 防护材料种类； 油漆品种、刷漆遍数	m^2	按设计图示尺寸以面积计算	基层清理； 刮腻子； 刷防护材料、油漆
抹灰线条油漆		m	按设计图示尺寸以长度计算	

（六）花饰、线条刷涂料

花饰、线条刷涂料包括空花格、栏杆刷涂料以及线条刷涂料，它们的工程量清单项目的设置、项目特征描述的内容、计量单位、工程量计算规则可参考表 6–38。

表 6–38 花饰、线条刷涂料的工程量清单

项目名称	项目特征	计量单位	工程量计算规则	工作内容
空花格、栏杆刷涂料	腻子种类； 线条宽度； 刮腻子要求； 涂料品种、刷喷遍数	m^2	按设计图示尺寸以单面外围面积计算	基层清理； 刮腻子； 刷、喷涂料
线条刷涂料		m	按设计图示尺寸以长度计算	

（七）喷塑、涂料

喷塑、涂料的工程量清单项目的设置、项目特征描述的内容、计量单位、工程量计算规则可参考表 6–39。

表 6–39 喷塑、涂料的工程量清单

项目名称	项目特征	计量单位	工程量计算规则	工作内容
喷塑、涂料	基层类型； 涂料品种、刷喷遍数； 腻子种类； 刮腻子要求	m^2	按设计图示尺寸以面积计算	基层清理； 刮腻子； 刷、喷涂料

（八）裱糊

裱糊包括墙纸裱糊、织锦缎表糊等，它们的工程量清单项目的设置、项目特征描述的内容、计量单位、工程量计算规则可参考表 6–40。

表 6-40 裱糊的工程量清单

项目名称	项目特征	计量单位	工程量计算规则	工作内容
墙纸裱糊	基层类型； 裱糊构件部位； 腻子种类； 刮腻子要求； 粘结材料种类； 防护材料种类； 面层材料品种、规格、品牌、颜色	m^2	按设计图示尺寸以面积计算	基层清理； 刮腻子； 面层铺贴； 刷防护材料
织锦缎裱糊				

拓展阅读

注意裱糊工程中的主材差价

裱糊工程中的主材差价很大，高档金属膜壁纸、锦缎壁纸、防水防潮壁纸、自发光壁纸、全天然植物墙布等这些材料价格很高，是普通塑料壁纸的 5～10 倍，一些特殊定制的壁纸，价格更高。如果在设计图纸中出现这类情况，工程量计算就不能直接套用定额中的价格，应当将其中的面层材料减去，将主材费用放在采购材料中单独计算。

三、油漆、涂料、裱糊工程量的计算规则

（一）抹灰面油漆、涂料、裱糊工程量计算

1. 计算规则

楼地面、天棚、墙、柱、梁面的喷（刷）涂料、抹灰面油漆及裱糊工程均按相应的计算规则计算，参考表 6-41。

表 6-41 抹灰面油漆、涂料、裱糊工程的计算

项目名称	系数	工程量计算方法
混凝土楼梯底（板式）	1.15	水平投影面积
混凝土楼梯底（梁式）	1.00	展开面积
混凝土花格窗、栏杆花饰	1.82	单面外围面积
楼地面、天棚、墙、柱、梁面	1.00	展开面积

2. 计算规则说明

（1）混凝土板式楼梯底、混凝土梁式楼梯底油漆、涂料、裱糊工程量计算与天棚底面装饰工程量计算规则一致。

（2）混凝土花格窗、栏杆花饰不扣除空花部分，按单面外围面积计算工程量，由于空花部分也要刷涂料等，为简化计算，故按单面外围面积乘以系数 1.82 计算。

（3）楼地面、天棚、墙、柱、梁面所有部位均需展开按实际施工面积计算。

3. 计算公式

混凝土花格窗、栏杆花饰工程量＝花格窗、栏杆花饰单面外围面积 ×1.82

楼地面、天棚、墙、柱、梁面工程量＝展开面积

（二）定额中的隔墙、护壁、柱、天棚木龙骨及木地板中木龙骨及木龙骨带毛地板刷防火漆涂料的工程量计算规则

（1）隔墙、护壁木龙骨按其面层正立面投影面积计算。

（2）柱木龙骨按其面层外围面积计算。

（3）天棚木龙骨按其水平投影面积计算。

（4）木地板中木龙骨及木龙骨带毛地板按面积计算。

（三）木楼梯刷漆的工程量

1. 计算规则

木楼梯（不包括底面）刷油漆按水平投影面积乘以系数 2.3 计算。

2. 计算规则说明

（1）木楼梯刷油漆的工程量不包括楼梯底部，楼梯底部工程量按展开面积计算。

（2）木楼梯刷油漆的工程量包括楼梯踏面、梯面、休息平台、楼梯侧面等，为简化计算，定额规定其工程量的计算按楼梯水平投影面积乘以系数 2.3 计算。

3. 计算公式

木楼梯刷油漆的工程量＝水平投影面积 ×2.3

木楼梯底面刷油漆的工程量＝楼梯底部工程量按展开面积

项目小结

本项目首先学习了工程量的概念、计算意义和注意事项，明确了工程量计算在建筑装饰工程中的重要性；其次以楼地面工程为例，详细讲解了整体墙面、块料面层等各部分的清单工程量计算规则和方法；再次对墙、柱面工程，天棚工程，门窗工程以及油漆、涂料、裱糊装饰工程的工程量计算进行了深入剖析；最后对各分部分项工程的计算规则进行了总结和归纳。通过本项目的学习，读者能够熟练掌握建筑装饰工程各分部分项工程量的计算方法，准确计算工程量，为工程造价的准确确定提供数据基础，确保建筑装饰工程预算的精确性。

项 目 工 单

一、实训准备

准备一套完整的建筑装饰工程图纸，涵盖楼地面、墙柱面、天棚、门窗以及油漆、涂料、裱糊等各个装饰部分。同时提供工程量计算规则手册、相关的定额标准以及测量工具（如比例尺等，用于图纸测量）。为每组学生准备纸张和笔用于记录计算过程。

二、实训内容

根据建筑装饰工程图纸，按照工程量计算规则，学生分组依次计算楼地面、墙柱面、天棚、门窗以及油漆、涂料、裱糊等各分部分项工程的工程量。计算过程中，需详细记录计算式和计算结果，对于复杂结构和特殊部位，要注明计算方法和依据。完成计算后，各小组交叉核对工程量计算结果，分析差异原因。最后，每个小组提交工程量计算报告，包括各部分工程量计算过程、结果汇总以及差异分析。

三、分组讨论

以 3 ～ 5 人为一组，选出组长并进行任务分工，将小组成员及分工情况填入表 6–42 中。

表 6–42　小组成员及分工情况

班级：　　　　　　　　　　组号：　　　　　　　　　　指导教师：

小组成员	姓名	学号	任务分工
组长			
组员			

四、实施过程

按实际操作过程，将实施内容、遇到的问题及解决办法等记录于表表 6–43 中。

表 6–43　工作实施过程记录表

序号	实施内容	遇到的问题及解决办法	结果

五、任务评价

各组展示任务完成情况，并完成考核评价表，见表 6–44。

表 6–44　考核评价表

项目名称	评价内容	满分 / 分	评分 / 分		
			自评	互评	师评
职业素养考核项目	考勤、纪律意识	10			
	团队交流与合作意识	10			
	参与主动性	10			
专业能力考核项目	积极参与教学活动并正确理解任务要求	10			
	认真查找与任务相关的资料	10			
	任务实施过程记录表的完成度	10			
	对建筑装饰工程量计算的了解程度	20			
	独立完成相应任务的程度	20			
合计		100			
总评	自评（20%）+ 互评（20%）+ 师评（60%）=	综合等级	指导教师（签名）：		

课后练习

一、选择题

1. 以下关于楼地面工程工程量计算规则的说法，正确的是（　　）。

A. 整体楼地面按设计图示尺寸以面积计算，扣除间壁墙所占面积

B. 楼梯装饰按设计图示尺寸以楼梯水平投影面积计算，不包括休息平台

C. 踢脚线按实贴长乘以高以平方米计算，成品踢脚线按实贴延长米计算

D. 台阶面层按设计图示尺寸以台阶水平投影面积计算，不包括最上一层踏步沿 300 mm

2. 在墙、柱面工程工程量计算中，下列关于墙面抹灰的说法错误的是（　）。

A. 墙面抹灰按设计图示尺寸以面积计算

B. 应扣除墙裙、门窗洞口及单个 0.3 m² 以上的孔洞面积

C. 门窗洞口和孔洞的侧壁及顶面增加面积

D. 附墙柱、梁、垛、烟囱侧壁并入相应的墙面面积内

3. 在天棚工程中，关于吊顶天棚工程量计算规则，正确的是（　　）。

A. 按设计图示尺寸以水平投影面积计算，天棚面中的灯槽及跌级天棚面积展开计算

B. 不扣除间壁墙、垛、柱、附墙烟囱、检查口和管道的所占面积

C. 扣除单个 0.3 m² 以内的孔洞与天棚相连的窗帘盒所占的面积

D. 按设计图示框外围尺寸以面积计算，与幕墙同种材质的窗所占面积扣除

二、填空题

1. 工程量是指以物理计量单位或自然计量单位来表示建筑装饰工程中的各个具体分部

分项工程和构配件的实物量，其中物理计量单位包括________、平方米、立方米等。

2. 楼地面装饰面层净面积计算时，不扣除________以内的孔洞所占的面积，拼花部分按实贴面积计算。

3. 墙、柱面装饰工程包括一般抹灰、装饰抹灰、镶贴块料面层及________等内容。

三、简答题

1. 简述门窗工程工程量计算中，不同类型门窗的计算规则有哪些不同？

2. 请阐述油漆、涂料、裱糊工程工程量计算规则中，抹灰面油漆、涂料、裱糊工程量的计算方法及相关说明。

项目七

装饰工程招投标与投标报价解析

项目导读

在竞争激烈的建筑装饰市场中，招标投标是获取项目的重要途径，而投标报价则是企业能否成功中标的关键因素之一。如何在招标投标过程中脱颖而出？怎样制定合理且具有竞争力的投标报价策略？这些问题对于建筑装饰企业至关重要。本项目将深入剖析装饰工程招标投标的全过程，包括招标投标的概念、程序，以及投标报价的编制程序、技巧和策略。通过学习，你将了解招标投标的各个环节和关键要点，掌握有效的投标报价技巧，提升在建筑装饰市场中的竞争力，为企业赢得更多的项目机会。

学习目标

知识目标

1. 熟悉装饰工程招标投标的概念、程序。
2. 掌握投标报价的编制程序、技巧和策略。

能力目标

1. 清晰阐述招投标流程。
2. 熟练编制投标报价文件。
3. 能根据项目情况选择合适的投标技巧和策略。

素质目标

1. 提升团队协作能力。
2. 增强市场竞争意识和应变能力。
3. 培养良好的商业道德。

思政目标

教育学生遵守招投标法律法规，秉持公平竞争原则，在投标报价中展现诚信与专业，维护市场秩序。

任务一　装饰工程招投标基础认知

任务描述

小张的建筑公司得知一个酒店装饰项目正在招标，满怀期待地准备参与投标。然而，他们对招投标的流程和规则知之甚少，不清楚如何获取招标文件，也不了解投标的具体要求和注意事项。就像在黑暗中摸索，不知道从何处着手。其他竞争对手却似乎准备充分，这让小张十分焦虑。装饰工程招标投标究竟是怎样的呢？

任务分析

小张的公司因不熟悉招投标流程和规则而陷入困境，这在建筑行业中并不少见。需要学习装饰工程招标投标的概念、程序等内容，了解从项目报建到合同签订的各个环节，掌握其中的要点和注意事项，才能帮助小张的公司顺利参与投标，在竞争中取得优势。

任务实施

一、装饰工程招标投标的概念

装饰工程招标是建设单位在《中华人民共和国招标投标法》的相关规定下对拟建的装饰工程完成项目发包的过程，是建设单位通过发布公告，按照法定的程序和方式吸引装饰项目的施工单位合理竞争并从中选择条件优越者来完成装饰工程建设任务的法律行为。

装饰工程投标是指施工单位在《中华人民共和国招标投标法》的相关规定下完成项目承揽的过程，施工单位必须具有合法的资格和能力，按照招标人的意图和要求，按照规定的投标程序和投标方式，提出投标报价并愿意承包，供招标单位选择。

招标投标是订立合同的一种法律程序。在装饰工程中，这种方式得到了广泛应用。招标和投标是组织和签订一项承包合同的两个方面，包含招标发包和投标承包两个内容。招标投标对于打破垄断、促进竞争、提高企业自身素质、推动市场经济的发展均有重要作用。

招标投标双方应遵循自愿公平、等价有偿和诚实信用原则，讲求职业道德。招标投标作为一种制度，受到国家法律的约束和保护。

拓展阅读

建设工程招标投标的内容

建设工程招标投标的内容，可以是整个项目建设过程，也可以是某个阶段的工作，主要包括以下方面。

1. 工程总承包招标投标

工程总承包招标投标即建设实施全过程的招标投标。从项目建议书开始，包括设计任务书、勘察设计、材料设备询价与采购、工程施工、生产准备、投料试车，直至竣工投产、交付使用，实行全面的招标投标。投标人必须是具有总承包能力的工程承包企业。

2. 勘察设计招标投标

勘察设计招标投标是为了优化勘察设计方案而择优选定勘察设计单位。勘察设计招标一般采取可行性研究方案或设计方案招标，可以是一次性总招标，也可以分单项、分专业招标。勘察设计招标单位是主持开发建设工程项目的建设单位或工程总承包单位。

3. 材料和设备供应招标投标

为了择优选择供应建设项目的各种材料和设备，由建设单位向材料和设备制造及供应单位招标，也可以委托工程承包公司或设备成套机构招标。投标人应当是具有法人资格、符合投标条件的材料和设备制造单位或设备成套公司。

4. 工程施工招标投标（包括装饰工程施工招标投标）

为了保证建设工程质量优、工期短、造价合理，由建设单位对投标人的报价、工期、质量保证措施、社会信誉等进行综合评价，择优选定施工单位。工程施工招标投标的标的可以是全部工程，也可以是单项工程、部分工程或专项工程。

5. 国内工程国际招标投标

经住房和城乡建设部、商务部和上级有关部门批准后，建设单位可委托有对外贸易资格的公司发出招标公告或招标邀请函，进行国内工程国际招标投标。参加投标的外国公司须接受招标人的资格审查，如果中标，应按《中华人民共和国涉外经济合同法》及国际惯例与招标人签订承包合同。

二、装饰工程招标投标程序

一般来说装饰工程招标投标包括以下主要程序。

（1）工程项目报建。

（2）招标人自行办理招标或委托招标备案。

（3）编制招标文件。

（4）发布招标公告或发出招标邀请函。

（5）投标申请人资格审查。

（6）招标文件的发放。

（7）勘查现场。

（8）招标文件的澄清、修改、答疑。

（9）投标文件的编制、递交与接收。

（10）招标控制价、编制与接收。

（11）开标、评标、中标。

（12）合同签订。

（一）工程项目报建

（1）工程项目的立项批准文件或年度投资计划下达后，招标人须按规定及时向招投标管理机构报建。

（2）工程项目报建内容主要包括工程名称、建设地点、投资规模、资金来源、当年投资额、工程规模、结构类型、发包方式、计划开工和竣工日期、工程筹建情况等。

（3）招标人填写报建登记表，连同应交验的立项批准等文件资料一并报招投标管理机构审批。

（二）招标人自行办理招标或委托招标备案

（1）工程施工招标应当具备的条件。

① 按照国家有关规定需要履行项目审批手续的，已经履行审批手续。

② 工程资金或者资金来源已经落实。

③ 有满足施工招标需要的设计文件及其他技术资料。

④ 法律、法规、规章规定的其他条件。

（2）招标人自行办理施工招标事宜的，应当具备编制招标文件和组织评标的能力。

① 是法人或依法成立的其他组织。

② 有专门的施工招标组织机构。

③ 有与工程规模、复杂程度相适应，并具有同类工程施工招标经验、熟悉有关工程施工招标法律法规的工程技术、概预算及工程管理的专业人员。

（3）不具备上述（2）条件的，招标人应当委托具有相应资格的招标代理机构代理其组织招标。

招标代理机构是自主经营、自负盈亏，依法在建设主管部门取得工程招标代理机构资质证书，在资质证书许可的范围内从事工程招标代理业务并提供相关服务，享有民事权力、承担民事责任的社会中介组织。

（三）编制招标文件

1. 招标文件内容

招标人应根据招标工程的特点和需要，参照国家或地方范本，自行或者委托招标代理机构编制招标文件。招标文件应包括以下内容。

（1）投标须知。

（2）招标工程的技术要求和设计文件。

（3）采用工程量清单招标的，应当提供工程量清单。

（4）投标文件的格式及附录。

（5）拟签订合同的主要条款、合同格式及合同条件。

（6）要求投标人提交的其他材料。

扫一扫

招标文件

2. 招标文件内容编写说明

（1）投标须知

在投标须知中应载明：招标工程的基本概况、招标范围、资金来源或者落实情况（包括银行出具的资金证明），对投标人的资格要求及资格审查标准，标段划分，工期要求，现场勘察和答疑安排，投标文件编制、提交、修改、撤回的要求，投标报价要求，投标有效期，投标担保，履约担保的规定，开标的时间和地点，评标的方法和标准等。

（2）评标原则和评标、定标办法

原则上依据国家相关规范制定，并在招标文件中明确。

（3）投标价格的分类

投标价格分为固定价格、可调价格、工程成本加酬金确定的价格，具体采用哪种投标价格应在招标文件中明确。

① 固定价格：工程价格在实施期间不因价格变化而调整。在工程价格中应考虑价格风险因素并在招标文件中明确固定价格包括的范围。

② 可调价格：工程价格在实施期间随价格变化而调整。价格的调整方法及调整范围应在招标文件中明确。

③ 工程成本加酬金确定的价格：工程成本按现行计价依据以招标文件规定的办法计算，酬金按工程成本乘以通过投标竞争确定的费率计算，从而确定工程竣工结算价。

（4）质量标准

质量标准必须达到国家现行建筑工程质量检验评定标准合格等级。

（5）投标准备时间

招标文件应明确投标准备时间，即从开始发放招标文件之日起，至提交投标文件截止时间的期限。招标人应根据工程项目的具体情况确定投标准备时间，且不应少于20天。

（6）材料或设备采购供应

材料或设备采购、运输、保管的责任应在招标文件中明确，如招标人提供材料或设备，应列明材料或设备的名称、品种或型号、数量、提供日期和交货地点等，还应在招标文件中明确招标人提供的材料或设备计价或结算退款的方法。

（7）工程量清单（采用工程量清单招标的）

要引导企业在国家和地方定额的指导下，依据企业自身技术和管理情况建立企业内部定额，提高投标报价的技巧和水平，并积极推工程担保制度、索赔制度的开展，最终实现在国家和地方宏观调控下由市场确定工程价格。

采用工程量清单招标的，招标人应当根据施工图纸及有关资料，按国家颁布的统程项目划分、统一计算单位和统一的工程量计算规则计算出实物量后，向投标人提供工程量清单。

工程项目招标的标底和投标人的投标报价，均不计劳动保险费，待工程项目中标后，再按省级有关规定计取劳动保险费。

（8）拟签订合同的主要条款

招标人在编制招标文件时，应根据《中华人民共和国合同法》《建设工程施工合同管理办法》的规定和工程具体情况确定招标文件合同主要条款的内容。

（四）发布招标公告或发出招标邀请函

实行公开招标的，招标人应通过国家指定的报刊、信息网络或者其他媒介发布工程招标公告，同时在中国工程建设和建筑业信息网上及有形建筑市场内发布。任何认为自己符合招标公告要求的施工单位都有权报名并索取资格审查文件。招标人不得以任何借口拒绝符合条件的投标人报名。采用邀请招标的，招标人应当向 3 个以上具备承担招标工程的能力、资信良好的施工单位发出招标邀请函。招标公告和招标邀请函，均应载明招标人的名称和地址，招标工程的性质、规模、地点、质量要求、开工和竣工日期、对投标人的要求、投标报名开始时间和截止时间，以及获取资格预审文件、招标文件的办法等事项，并在招标发出 3 日前由招标人向招投标管理机构备案，不符合要求的，招投标管理机构应当自收到备案材料之日起 3 日内责令招标人改正。

（五）投标申请人资格审查

招标人可以根据招标工程的需要．对投标申请人进行资格预审，也可以委托工程招标代理机构对投标申请人进行资格预审。实行资格预审的，招标人应当在招标公告或招标邀请函中明确对投标申请人资格预审的条件和获取资格预审文件的办法，并按照规定的条件和办法对报名或邀请的投标申请人进行资格预审。

资格预审文件包括资格预审须知和资格预审申请书。投标申请人应在规定的时间内向招标人报送资格预审申请书和资格证明材料。资格预审申请书的主要内容应包括企业名称、地址、资质等级、法定代表人姓名、企业所有制性质及隶属关系、联系人姓名等有关文件资料。资格证明材料主要包括企业营业执照、企业资质等级证书、企业资信证明、外地企业进省施工登记材料、企业安全资格证书、拟投入的项目经理资质证书、工程技术人员职称证书、管理人员岗位证书和施工机械设备目录等（如以联营体投标，投标申请人应填报联营体每一成员的资料）。

招标人在对投标申请人资格进行审查时，还可以考察投标申请人承担过的同类工程质量、安全生产、工期及合同履约情况，企业的财务状况、社会信誉、市场行为、经营管理水平、质量保证体系等。

经资格预审后，招标人应当向资格预审合格的投标申请人发出资格预审合格通知书，告之获取招标文件的时间、地点和方法，同时向资格预审不合格的投标申请人告之资格预审结果。

当资格预审合格的投标申请人过多时，可以由招标人综合考虑投标申请人工程建设业绩和获奖情况，按照择优的原则，从中选择不少于 7 家资格预审合格的投标申请人参加投标竞争。

（六）招标文件的发放

招标人应当在招标文件发出的同时，将招标文件报招投标管理机构备案；招投标管理机构发现招标文件有违反法律、法规内容的，应当自收到备案材料之日起 3 日内责令招标人改正，招标日程可以顺延。

（1）招标人应在招标公告、招标邀请函或资格预审合格通知书中载明获取招标文件的办法。

（2）投标人收到招标文件、图纸和有关资料后，应认真核对，核对无误后应以书面形式予以确认。

（3）招标人在发放招标文件时，可以酌收工本费。其中的设计文件，招标人可以酌收押金；对于开标后将设计文件退还的，招标人应当退还押金。

（4）招标人不得向他人透露已获取招标文件的潜在投标人的名称、数量及可能影响公平竞争的有关招标、投标的其他情况。

（七）勘查现场

招标人可以根据项目具体情况安排投标人和标底编制人员勘查现场。勘查现场的目的在于了解工程场地和周围环境情况，以获取投标人认为有必要的信息，并据此做出关于投标策略和投标报价的决定。勘查现场费用由各单位自行承担。

招标人可以向投标人介绍有关现场的以下情况。

（1）施工现场是否达到招标文件规定的条件。

（2）施工现场的地理位置和地形、地貌。

（3）施工现场的地质、土质、地下水位、水文等情况。

（4）施工现场气候条件，如气温、湿度、风力、年雨雪量等。

（5）现场环境，如交通、供水、污水排放、生活用电、通信等。

（6）工程在施工现场的位置或布置。

（7）临时用地、临时设施搭建等。

（八）招标文件的澄清、修改、答疑

（1）招标人对已发出的招标文件确需进行澄清或者修改的，应当在招标文件规定的提交投标文件截止时间至少 15 日前，以书面形式（包括信函、电报、电传、传真、电子数据交换和电子邮件）通知所有获取招标文件的单位。

（2）投标人和标底编制人员在领取招标文件、图纸和有关技术资料及勘查现场后有疑问的，应以书面形式提出，招标人应于投标截止时间至少 15 日前，以书面形式解答，并将解答同时送达所有获取招标文件的单位。

（3）无论是招标人以书面形式向投标人发出的任何资料文件，还是投标人以书面形式提出的问题，均应以书面形式予以签收确认。任何口头上的修改、澄清、答疑一律视为无效。

（4）澄清、修改、答疑等补充文件作为招标文件的组成部分，与招标文件具有同等效力。当招标文件、修改补充通知、澄清、答疑纪要的内容相矛盾时，以最后发出的通知（或纪要）或修改文件为准。

（5）为了使投标人在编写投标文件时，充分响应招标文件的澄清、修改、答疑纪要的内容，招标人可根据情况适当延长投标截止时间，具体时间修改应当在修改补充通知中明确。

（九）投标文件的编制、递交与接收

1. 投标文件的编制

投标人应当按照招标文件的要求编制投标文件，对招标文件提出的实质性要求和条件做出响应。

（1）投标文件的组成

投标文件应当由商务标、技术标两部分文件组成。

① 商务标主要包括的内容：投标函及其附录；法定代表人资格证明书，法定代表人授权委托书；投标报价汇总表，具有标价的工程量与报价表，工程量清单报价表（工程量清单采用综合单价时）或工程量清单报价汇总及取费表（工程量清单采用工料单价时），设备清单与报价表，现场因素、施工技术措施及赶工措施费用报价表，投标保证金或投标保函，招标文件要求提交的其他资料。

② 技术标主要包括的内容：施工组织设计或施工方案；拟投入项目管理班子配备；拟分包项目名称和分包商情况；项目经理资质证书；如以联合体投标，应附联营协议书；联合体各方承包合同，明确各方拟承担的工作和责任（同一专业的联合体应以资质等级低的一方确认资格）；近两年来的工程业绩、获得的各种荣誉（提供证书复印件，必要时验证原件）；对招标文件中的合同条款内容的确认和响应；按招标文件规定提交的其他资料。

（2）编制投标文件准备工作

① 投标人领取招标文件、图纸和有关技术资料后，应仔细阅读投标须知，投标须知是投标人投标时应注意和遵守的事项。

② 投标人应根据图纸核对招标人提供的工程量清单中的工程项目和工程量，如发现项目或数量有误，应以书面形式向招标人提出。

③ 组织投标班子，确定参加投标文件编制的人员，为编制好投标文件和投标报价，应收集现行定额标准、取费标准及各类规范和标准图集，收集掌握政策性调价文件，以及材料和设备价格情况。

（3）投标文件的编制

① 投标人依据招标文件和工程技术标准、规范要求，并根据施工现场情况编制施工方案或施工组织设计。施工组织设计包括主要工程的施工方法、技术措施、主要机具设备及人员专业构成、质量保证体系及措施、工期进度安排及保证措施、安全生产及文明施工保证措施、施工平面布置图等。

② 投标人应根据招标文件的要求编制投标文件和计算投标预算价、投标报价，投标预算价、投标报价应按招标文件中规定的各种因素和依据进行计算；应仔细核对，以保证投标报价的准确无误。

③ 按招标文件要求提交投标担保。

④ 投标文件编制完成后，应仔细整理、核对、装订，并按招标文件的规定准备投标文件副本。

（4）项目经理资质

① 凡在湖北省内进行工程建设活动的省内外建筑企业，在参加工程投标活动中，除应持有企业资质证书外，还必须持有与工程规模相适应的项目经理资质证书。

② 一个项目经理原则上只能负责一项与其资质等级相适应的工程，不得同时兼管多项工程。凡中标人的项目经理资料应记入工程交易工作档案。为保证其工作到位，对国家在鄂重点项目和省、市（州）重点项目，应将项目经理资质证书押在招投标管理机构，工程结束时返还。

③ 工程实施中，因特殊原因需要更换项目经理的，施工单位须提出符合工程等级资质的项目经理人选，并征得建设单位的同意后，报原招投标管理机构备案。

④ 项目经理资质证书不准转借、出让，任何人不得冒名使用项目经理资质证书承接工程，违反规定者一经发现即没收其证书，并取消该企业参与该工程投标的资格。

⑤ 招投标管理机构要切实加强对投标人项目经理资质的核验，质量安全监督管理部门必须将受监工程的质量安全鉴定意见如实填写在负责该工程的项目经理资质证书副本上，作为项目经理资质复查的依据。

2. 投标文件的递交与接收

（1）投标文件的递交

投标人应将投标文件的正本和所有副本按照招标文件的规定进行密封和标记，并在投标截止时间前按规定递交至招标文件规定的地点。

（2）投标文件的接收

① 在投标截止时间前，招标人应做好投标文件的接收工作和保密保管工作，在接收中应注意核对投标文件是否按招标文件的规定进行密封和标识，做好接收时间的记录及出具收条等工作。

② 投标人在递交投标文件以后，在规定的投标截止时间之前，可以以书面形式补充、修改或撤回已递交的投标文件，并通知招标人。补充、修改的内容为投标文件的组成部分。但所递交的补充、修改或撤回通知必须按招标文件的规定进行编制、密封和标识。

③ 在开标前，招标人应妥善保管好投标文件，以及补充、修改和撤回通知等投标资料。投标截止时间之后至投标有效期满之前，投标人不得补充、修改投标文件；投标人不得撤回投标文件。

④ 在招标文件要求递交投标文件截止时间后送达的投标文件，招标人应当拒收。

（十）招标控制价的编制

招标工程的招标控制价应作为招标文件一起发放给投标人，招标控制价的编制工作应按规定进行。

1. 确定招标控制价的编制单位

（1）必须由具有资质的招标人自行编制或委托具有相应资质的工程造价咨询单位、招标代理机构等单位代理编制。

（2）招标控制价的编制人员须持有执业注册造价师资格证书。

2. 编制招标控制价应提供以下资料

（1）全套施工图纸及现场地质、水文、地形情况的有关资料。

（2）其他文件（包括补充、修改施工方案要求等），现行工程预算定额、基价表、工期定额、工程项目计价类别及取费标准、国家或地方有关价格调整文件规定等。

3. 掌握招标文件的修改、澄清、答疑及现场勘查等资料和情况

4. 招标控制价的编制原则

（1）根据国家公布的统一工程项目划分、统一计量单位、统一计算规则，以及施工图纸、招标文件，并参照国家、省制定的基础定额和与之配套的文件，国家、行业、地方规定的技术标准规范，以及生产要素市场的价格确定工程量和编制标底价格。

（2）招标控制价应由成本、利润、税金等组成，一般应控制在批准的总概算（或修正概算）及投资包干的限额内。

（十一）开标、评标、中标

1. 开标

开标会议应当在招标文件规定的提交投标文件截止时间的同一时间，在有形建筑市场公开进行，并邀请所有投标人代表参加。投标人法定代表人或法定代表人的委托代理人未按时参加开标会议的，视为弃权处理。

2. 评标

（1）开标会议结束后，召开评标会议。招标人应当采取必要的措施，保证评标在严格保密的情况下进行。任何单位和个人不得非法干预、影响评标的过程和结果。

（2）评标原则及办法。评标应坚持客观、公正、平等、科学、合理、自主和注重信誉的原则。

评标办法可以采用综合评估法、经评审的最低评标价法或者法律、法规允许的其他评标办法。招标人应根据招标工程的具体情况结合国家及地方评标标准、办法进行评标，评标标准、办法为招标文件的组成部分。

（3）定标办法。招标人以评标委员会提出的书面评标报告为依据，对评标委员会推荐的中标候选人进行比较，从中择优确定中标人。

3. 中标

（1）在确定中标人之前，招标人不得与投标人就投标价格、投标方案等实质性内容进行谈判。

（2）依法必须进行施工招标的工程，招标人应当自确定中标人之日起 15 日内，向招投标管理机构提交施工招标投标情况的书面报告。

（3）中标通知书发出后，招标人改变中标结果的，或者中标人放弃中标项目的，应当依法承担法律责任。

（十二）合同签订

招标人应当自中标通知书发出之日起 30 日内，与中标人在约定的时间，按照《中华人民共和国合同法》《建设工程施工合同管理办法》等规定和《建设工程施工合同（示范文本）》（GF—2017—0201），依据招标文件、中标人的投标文件订立书面合同；招标人和中标人不得再行订立背离合同实质性内容的其他协议。订立书面合同 7 日内，中标人应当将合同报招投标管理机构备案。

中标人不与招标人订立合同的，投标保证金不予退还并取消其中标资格。给招标人造成的损失超过投标保证金数额的，应当对超过部分予以赔偿。没有提交投标保证金的，应当对招标人的损失承担赔偿责任。招标人无正当理由不与中标人签订合同，给中标人造成损失的，招标人应当给予赔偿。

任务二 装饰工程投标报价编制要点

任务描述

小李所在的装修公司参与一个写字楼装饰项目的投标。在编制投标报价时，团队内部出现了分歧。有人认为应该以低价吸引招标人，确保中标；有人则觉得要保证利润，提高报价。由于大家对市场情况和竞争对手了解不足，无法确定一个合理的报价策略。而且，在计算各项费用时，也因为缺乏统一标准而导致报价混乱。那么，如何才能编制出一份既合理又具竞争力的投标报价呢？

任务分析

小李公司在投标报价编制过程中出现分歧和混乱，主要原因是对市场和对手缺乏了解，且没有统一的报价标准。需要学习投标报价编制的程序、技巧和策略，学会分析市场情况和竞争对手，掌握合理计算各项费用的方法，才能帮助公司制定出科学合理的投标报价，提高中标概率。

任务实施

一、装饰工程投标报价编制程序

装饰工程中的投标报价工作是个复杂的系统工程，会涉及多部门、多人员的合作，是一种团队工作，任何一方的失误都有可能造成失标。但在现行的工程量清单计价模式下，投标报价的编制也有一定的规律可循。投标报价的编制应遵循下列程序：分析招标文件；进行调查；现场勘查及答疑；复核工程量；制订进度计划与施工方案；明细单价计算与分包询价；综合单价及费税计算；工程量清单项目计价表计算与汇总；投标报价分析与确定报价决策；编制正式的工程量清单项目报价表；投标保函、装订及办理担保和递标等。本节就投标报价编制程序中的主要部分进行说明。

（一）分析招标文件

投标人报名参加或接受邀请参加某一工程的投标，取得招标文件之后，首要的工作就是认真仔细地研究招标文件，充分理解招标文件和建设单位的意图，使投标文件满足招标文件要求，确保投标有效。招标文件是整个招标过程所遵循的基础文件，是投标与评标的基础，也是合同的重要组成部分。一般情况下，招标人与投标人之间不进行或仅进行有限的面对面交流，投标人只能根据招标文件的要求编写投标文件，因此，招标文件是招标人与投标人联系、沟通的桥梁。

1. 招标文件的内容

招标文件是招标人向投标人提供的为进行投标工作所必需的文件。招标文件应包含的内容通常有三类：第一类是关于编写和提交投标书的规定；第二类是合同条款和条件；第三类是评标标准，通常在投标须知中和技术规定中明确下来。具体的招标文件一般包括招标邀请函、投标须知、合同主要条款、投标文件格式、工程量清单、技术条款、设计图纸、评标标准与办法和投标辅助材料等。

招标文件除了明确招标工程的范围、内容、技术要求等技术问题之外，还反映建设单位在经济、合同等方面的要求或意愿，是施工单位投标的主要依据。因此，对招标文件进行分析研究是投标报价工作中不可忽视的重要环节。

由于招标文件内容很多，应由各专业人员对各方面的专业知识进行研究，各专业人员应相互配合，及时交换意见。

2. 对投标须知的分析

投标人通过投标须知需要了解的问题应该包括：工程概况及招标人情况，招标文件和投标文件的组成，投标文件的编制要求及密封和递交要求，应当提交的资格、资信证明文件，投标保证金的有关规定，招标文件和投标文件的澄清和修改事项。工程量清单、合同条款、图纸也都要结合投标须知一起阅读。

（1）投标保证金、履约保证金

要注意招标文件对投标保证金数额、履约保证金形式（银行保函、履约担保书、履约担保金即现金）、担保人、担保数额和担保有效期的规定，其中任何一项不符合要求，均可能被视为对招标文件未做出实质性响应而被确定为废标。投标保证金、履约保证金是对招标人的一种保护。

（2）投标文件的编制

投标文件的格式、签名或盖章、投标文件的正副本组成及份数，密封方式和要求，改动处必须签名或盖章，投标文件的每一页是否均需要签字，工程量清单与计价表的每一页页末写明合计金额、最后一页页末写明总计金额等。必须注意每一个细节，确保标书有效。

（3）对合同条款的分析

对合同条款的分析主要是分析与估价有直接关系的条款，分清双方的经济责任，特别需要弄清暂列金额、材料暂估价、风险费及有争议之处。

①施工单位承包范围和责任。这是投标报价最基本的依据，通常由工程量清单、图纸、工程说明和技术规范等所规定。在分项承包时，要注意与其他施工单位，尤其是工程范围相邻或工序相衔接的其他施工单位之间的工程范围界限和责任界限。如果是施工总包或主

包，要注意在现场管理和协调方面的责任。另外，要注意是否有为建设单位管理人员或监理工程师提供现场工作和生活条件方面的责任。这些都会影响报价。

② 工程变更及相应的合同价格调整。一般来说，工程变更是不可避免的，但一定要协调好变更后的价格。工程量的增减所引起的合同价格调整的关键在于如何确定调整幅度，但这在合同条款中并无明确规定。因此，应预先估计哪些分项工程的工程量可能发生变化，增加还是减少，幅度如何，并拟定相应的合同价格以调整计算方式和幅度。合同内容变化引起的合同价格调整，应注意合同条款中有关工程变更程序、合同价格调整的前提等规定。

③ 工期、质量、安全、文明施工。合同条款中的关于合同工期、质量、安全、文明施工等规定，是制订施工进度计划的依据，也是投标报价的重要依据。要注意合同条款中有无工期奖的规定，报价要求中有无赶工措施费的规定等；要注意质量、安全、文明施工目标等规定；要尽可能做到在工期、质量、安全、文明施工符合要求的前提下，使报价有竞争力，或在报价合理的前提下，使工期、质量、安全、文明施工有竞争力。

④ 付款方式、时间。应注意合同条款中有无工程预付款、材料预付款的规定，如有则注意资金数额、支付时间、起扣时间和方式；注意工程进度款的支付时间及比例、每月保留金扣留的比例、质保金总额及退还时间和条件。根据这些规定和预计的施工进度计划，可绘出工程现金流量图，计算出占用资金的数额和时间，从而计算出资金占用的利息并计入估价。虽然国家标准合同中有工程预付款、材料预付款的规定，但在现行买方市场环境下，工程预付款、材料预付款的条款有待施工单位的争取。

（4）对技术规范的分析

工程技术规范描述工程技术和工艺的内容和特点，以及对设备、材料、施工和安装方法等的技术要求，有的则是描述对工程质量进行检验、试验和验收所规定的方法和要求。招标文件中所规定的技术规范反映了建设单位对招标工程质量的要求。工程估价应注意的事项如下。

① 应了解技术标准对投标报价的影响。任何一个分项工程的消耗量都直接由设计、施工与验收规范所决定。当对招标文件规定的技术规范不够熟悉或与习惯的施工操作方法差异较大时，在投标报价时要谨慎行事。

② 要特别注意技术规范有无特殊施工技术要求，有无特殊材料和设备的技术要求，有无允许选择代用材料和设备的规定。若有，则要分析其与常规方法的区别，合理估算可能引起的额外费用。

③ 当某一技术规范不能完全覆盖招标工程的所有内容，或建设单位认为某一技术规范不能准确反映其对工程质量的要求时，在招标文件中甚至在工程施工过程中会提出要求。应在准确理解建设单位要求的基础上对有关工程内容进行投标报价。

工程造价是建立在一定技术标准和质量要求上的造价。任何忽视技术规范的投标报价都是不完整、不可靠的，有时可能导致工程承包的重大失误和亏损。

（5）施工图纸分析

施工图纸是确定工程范围、内容和技术要求的重要文件，也是施工单位确定施工方法和施工方案的主要依据。图纸的详细程度即设计深度决定所采用的合同类型，对投标报价的方法和结果也有相当大的影响。

图纸分析要注意设计构造的明确性。当发现有矛盾之处时，应及时要求建设单位予以澄清。图纸分析通常由技术人员和预算人员共同完成，应将分析结果及提出的意见汇总给预算人员。

（二）进行调查、现场勘查及答疑

1. 调查建设单位

调查建设单位本身及其委托的设计、咨询单位。调查了解的内容包括以下几方面。

（1）招标工程的各项审批手续是否齐全，是否符合工程所在地政府工程建设管理的各项规定。如调查工程是否有《国有土地使用证》《建设用地规划许可证》，以及工程立项批准文件等。

（2）招标工程的资金来源、限额。了解项目资金是自筹资金、财政划拨或银行贷款等。具有可靠的工程进度款、结算款，是施工单位保证顺利完成工程的重要条件。

（3）建设单位是第一次组织工程建设，还是长期有建设任务。若是后者，要了解该建设单位在已建工程和在建工程招标、评标上的习惯做法，对施工单位的基本态度，履行建设单位责任的可靠程度，尤其是能否及时支付工程款，能否合理对待施工单位的索赔要求。

（4）建设单位项目管理的组织和人员。其主要人员的工作方式和习惯，工程建设技术和管理方面的知识和经验、性格和爱好等个人特征。

（5）调查设计单位尤其是该项目设计人员的能力、水平及习惯，以及对施工单位的基本态度，对合理设计变更的态度等。

2. 现场勘查。

现场勘查是招标投标过程中不可或缺的一环。凡是不能直接从招标文件中了解和确定而对投标报价结果有影响的内容，都要尽可能通过工程现场勘查来了解和确定。在投标报价前，必须认真、全面地对工程现场进行勘查，了解工地及其周围的经济、地理、地质、气候等方面的情况。这些内容在招标文件中是不可能全部明确的，也是招标文件所不能替代的，但对投标报价和报价的结果却有着至关重要的影响，所以必须慎重对待现场勘查。

建设单位在招标文件中应明确注明投标人进行工程现场勘查的时间和地点。按照国际惯例，投标者所提出的报价一般被认为是在审核招标文件后并在现场勘查的基础上编制出来的。一旦提出报价，投标人就无权因为现场勘查不周或其他因素考虑不全面而提出修改报价、调整报价或给予补偿等要求。现场勘查的费用由投标单位自行承担。

（1）工程现场勘查之前的准备

① 应仔细研究招标文件。工程现场调查所安排的时间往往不容许全面、深入地研究招标文件，这就要求对招标文件的研究应分两阶段进行。第一阶段，针对工程现场勘查所要了解的情况对招标文件的内容进行研究，主要针对工作范围、合同专用条款、设计图纸和说明等；第二阶段，对招标文件进行全面的研究和分析。

② 为使工程现场勘查有针对性，防止遗漏并提高效率，应拟订详细的勘查问题。勘查问题应尽可能表格化，以减少工程现场勘查的随意性，选派有经验的预算人员进行现场勘查，避免选派人员因经验不足而造成勘查结果的明显失误。

（2）自然条件调查

① 气象资料，包括年平均气温、年最高气温和最低气温，年平均湿度、最高和最低湿度，尤其要分析全年不能或不宜施工的天数（如气温超过或低于某一温度持续的天数，降雨量和风力大于某一数值的天数，台风频发季节及天数等）。

② 水文资料，包括地下水位、潮汐、风浪等。

③ 地震、洪水及其他自然灾害情况。

④ 地质情况，包括地质构造及特征，承载能力，地基是否有大孔土、膨胀土，冬季冻土层厚度等。

（3）施工条件调查

① 工程现场的用地范围、地形、地貌、地物、标高，地上或地下障碍物，现场的三通一平情况（是否可能按时达到开工要求）。

② 工程现场周围的道路、进出场条件（材料运输、大型施工机具）、有无特殊交通限制（如单向行驶，夜间行驶，转弯方向限制，货载质量、高度、长度限制等规定）。

③ 工程现场施工临时设施、大型施工机具、材料堆放场地安排的可能性，是否需要二次搬运。

④ 工程现场邻近建筑物与招标工程的间距、结构形式、基础埋深、新旧程度和高度。

⑤ 市政给水、污水及雨水排放管线位置、标高、管径、压力，废水、污水处理方式，市政消防供水管道管径、压力、位置等。

⑥ 当地供电方式、方位、距离、电压等。

⑦ 工程现场通信线路的连接和铺设。

⑧ 政府有关部门对施工现场管理的一般要求、特殊要求及规定，是否允许节假日和夜间施工等。

（4）其他条件调查

① 建筑构件和半成品的加工、制作和供应条件，商品混凝土的供应能力和价格。

② 是否可以在工程现场安排工人住宿，对现场住宿条件有无特殊规定和要求。

③ 是否可以在工程现场或附近搭建食堂，自己供应施工人员伙食，若不可能，通过什么方式解决施工人员餐饮问题，其费用如何。

④ 工程现场附近治安情况，是否需要采用特殊措施加强施工现场保卫工作。

⑤ 工程现场附近的单位和居民的一般情况，本工程施工可能对他们所造成的不利影响及其程度。

⑥ 工程现场附近各种社会服务设施和条件，如当地的卫生、医疗、保健和通信，公共交通、文化、娱乐设施情况及其技术水平、服务水平和费用情况，有无特殊的地方病、传染病等。

另外，也应考虑与项目有关的政府管理部门的情况和态度，与项目有关的各部门的协作情况等。

3. 竞争对手调查

要了解参与本工程投标竞争的有哪些公司。这些公司的规模和实力、经营状态和经营方式、管理水平和技术水平，特别是报价的习惯。要对竞争对手的能力进行综合分析，特别要注意主要竞争对手从事工程承包的历史和近年来所承包的工程，尤其是与招标工程类似的工程及他们与当地政府和建设单位的关系等问题。

4. 答疑会议

召开答疑会议的目的是使建设单位澄清投标施工单位的疑问，回答投标施工单位提出的各类问题。招标文件应规定会议的时间和地点，一般在现场勘查后进行。答疑会议要解决三个方面的疑问：一是现场勘查的问题；二是设计图纸及与报价有关的问题；三是有关施工合同的问题。

如果投标施工单位有问题要提出，应在召开答疑会议前在规定的时间内以书面或电传形式发出。建设单位将对提出的问题及答疑会议的记录用书面答复的形式发给每个投标施工单位，并作为正式招标文件的一部分。

投标施工单位应根据各种调查结果和答疑会议的内容，进一步分析招标文件。

（三）复核工程量

工程量清单的粗细程度主要取决于设计深度，与图纸相对应，也与合同类型有关。

工程量清单最重要的作用之一是供投标施工单位报价使用，为投标者提供一个共同的竞争性投标的基础，也是评标的基础。从某种意义上说，工程量清单报价是投标书最重要的部分。

1. 工程量的复核

工程量清单中的各分部分项工程量并不一定准确，若设计深度不够则可能有较大的误差。在单价合同下，工程量清单的工程量仅作为投标报价的基础，并不作为工程结算的依据，工程结算是以经监理工程师审核的实际工程量为依据的。复核工程量是因为工程量的多少是选择施工方法、安排人力和机械、准备材料必须考虑的因素，也自然影响分项工程的单价。如果工程量不准确、偏差太大，就会影响投标报价的准确性。若采用固定总价合同，对施工单位的影响就更大，所以一定要复核工程量。若发现误差太大，应要求建设单位澄清，但不得擅自改动工程量。

工程量的复核，还需要视建设单位是否允许对工程量清单内所列工程量的误差进行调整来决定校核办法。如果允许调整，就要详细审核工程量清单内所列各工程项目的工程量，对有较大误差的，通过建设单位答疑会议提出调整意见，取得建设单位同意后进行调整。不允许调整工程量的，无须对工程量进行详细的复核，只需对主要项目或工程量大的项目进行复核，发现这些项目有较大误差时，可以利用调整这些项目单价的方法解决。

2. 暂定金额、计日工报价的复核

暂定金额是招标人为可能发生的工程量变更而预留的金额，不会损害施工单位利益。但预先了解其内容、要求，有利于施工单位统筹安排施工，可能降低其他分项工程的实际成本。应当认识到，暂定金额不仅仅是一笔预留的金额，更是有关承包范围的一个界限扩大。

计日工是指在工程实施过程中，建设单位有一些临时性的或新增的但未列入工程量清单的工作，这些工作需要使用人工、材料、机械。投标者应对计日工报出单价和总价。应注意工作费用包括哪些内容，工作时间如何计算。一般来说，计日工单价可报得较高，但不宜太高。

（四）投标报价分析与计算汇总

在投标报价计算的准备工作完成后，要进行综合单价及费税计算、工程量清单与计价表计算与汇总、投标报价分析与确定报价决策，以及编制正式的工程量清单报价表等工作。其中，有关综合单价的内容构成与表示方式、工程量清单报价表的填写等必须遵照《建设工程工程量清单计价标准》和招标文件的要求执行。投标报价计算与分析需要特别认清投标报价的本质及其形成机理。

1. 投标报价原则

施工单位在建筑市场中的工程承包运作分为两大过程：一是对建设单位的招标做出响应，即投标；二是中标及签订合同后在建设单位委托的监理工程师监督下的施工过程。施工单位的竞争力表现为能以比较合理的低价格在招标时中标，并在工程监理制下有效地施工，实现投标时的预期效益。因此，施工承包运作就是争取合同与履行合同。

在市场经济条件下，按照“政府宏观调控、市场形成价格”的原则，确定承包工程造价，在满足招标文件要求的前提下，实行人工、材料、机械消耗量自定、价格费用自选、全面竞争、自主报价的方式。建筑工程招标投标，确定合理的低价，使价格反映市场供求情况，真实显示企业的实际消耗和工作效率，使实力强、素质高、经营好的企业更具有竞争性，能够更快地发展，实现资源的优化配置，促使企业自觉降低消耗，挖掘潜力，提高效率，提高全社会的生产力水平。

投标报价应根据本企业的管理水平、装备能力、技术力量、劳动效率、技术措施及企业定额，计算出由本企业完成该工程的预计直接工程费用，再分摊实际可能发生的一切间接费用，即实际预测的工程成本，根据投标中竞争的情况，进行盈亏分析，确定利润和考虑适当的风险费，在做出竞争决策之后，最后提出报价书。报价是工程施工投标的关键。

报价的原则首先是保本，即在保本的前提下，根据竞争条件来考虑利润率。企业应在遵循“保本有利”或“保本薄利”的原则下参加报价竞争。

2. 影响合理报价的因素

一个合理的报价不仅需要准确反映企业成本、有可靠的计算依据资料、有较高的竞争力等，还需要充分考虑以下因素。

（1）招标工程范围

工程量清单及施工图纸只是报价的一个依据，不一定反映完整的招标工程范围，还需要结合施工合同的规定。例如，水电等其他一般应由建设单位承担的任务，招标文件中可能要求由施工单位完成，则投标人要将完成全部工程和履行承包人责任的全部费用正确、合理地计入报价。

（2）目标工期的要求，对提前工期因素有所反映

招标工程的目标工期往往低于国家颁布的工期定额。要缩短工期，施工单位要切实考虑赶工措施，增加人员和设备数量，施工人员加班加点，付出比正常工期更多的人力、物力、财力，这样就会提高工程成本。

（3）质量目标的要求，对高于国家验收规范的质量因素有所反映

一般工程按国家相关的施工验收规范的要求来检查验收。但建设单位如果提出高于国家验收规范的质量要求，施工单位可能就要付出比合格水平更多的费用。

（4）建筑材料市场价格的变化，材料价格风险因素

在市场经济条件下，建设单位为了控制工程造价，更愿意采用固定价格合同，并且由施工单位包工包料。投标报价需要认真研究市场价格的变化，合适地考虑有关风险因素。

（5）现场施工条件和合理的施工方案

不同的现场施工条件对工程造价的影响较大，报价时应对现场实际情况认真了解，要考虑由于自然条件导致的施工不利因素。报价要有比较先进、切合实际的施工规划，包括合理的施工方案、施工进度安排、施工总平面布置和施工资源估算，尤其是工程量清单的措施费用项目，施工单位务必精心考虑。

拓展阅读

《工程建设项目施工招标投标办法》（七部委〔2003〕30号令）

第三十二条 招标人根据招标项目的具体情况，可以组织潜在投标人踏勘项目现场，向其介绍工程场地和相关环境的有关情况。潜在投标人依据招标人介绍情况做出的判断和决策，由投标人自行负责。

招标人不得单独或者分别组织任何一个投标人进行现场踏勘。

第三十三条 对于潜在投标人在阅读招标文件和现场踏勘中提出的疑问，招标人可以书面形式或召开投标预备会的方式解答，但需同时将解答以书面方式通知所有购买招标文件的潜在投标人。该解答的内容为招标文件的组成部分。

招标人组织勘查现场，投标人可以自愿去，也可以不去，不是强制性的，但是一般招标人组织勘查现场，可能是因为现场情况会影响投标报价，所以还是建议参加为好。

二、装饰工程投标报价的技巧和策略

在工程量清单计价实行后，投标人在投标报价时必须显示出自己不同于别的竞争对手的核心优势，在报价降低的情况下如何获得最大的利润是每个投标人关注的焦点。投标人在工程投标报价时，首先应该在先进合理的技术方案和较低的投标价格上下功夫，同时投标人还应在利润和风险之间做出正确的决策。装饰工程投标报价的一些技巧和策略可以对投标报价起辅助性作用，投标人应当运用这些技巧和策略尽可能地规避及防范风险。投标人可采用不平衡报价法、多方案报价法、突然降价法、先亏后盈法、无利润算标和争取评标奖励等方法来帮助中标。

（一）不平衡报价法

不平衡报价法是相对于通常的平衡报价（正常报价）而言的，是在工程项目的投标总价确定后，根据招标文件的付款条件，合理地调整投标文件中子项目的报价，在不抬高总价以免影响中标（商务得分）的前提下，在实施项目时能够尽早、更多地结算工程款，并能够赢得更多利润的一种投标报价方法。这种方法在工程项目中运用得比较普遍，是一种投标策略。应根据工程项目的不同特点及施工条件等来考虑采用不平衡报价法。不平衡报价法的前提是：工程量清单报价强调量价分离，即工程量和单价分开，投标时承包商报的是单价而不是总价，总价等于单价乘以招标文件中的工程量（估算量，仅仅用于招标），最终结算量以实际发生量为准。而这个总价是理念上的东西，或者说只是评标委员会在比较各家标价的高低时提供的一个总的大致参考值，实际上承包商拿回的总收入等于在履约过程中通过验收的工程量与相应单价的乘积。由于建筑市场信息的不对称，有经验的承包商可能比业主更清楚工程实际会发生的数量，当发现有缺项、漏项或两者之间有较大差别时，在大多数情况下，就会采用不平衡报价法。应用不平衡报价法时应遵循以下原则。

（1）单价在合理范围内可提高的子项目有：能够早日结算的项目，如开办费、营地设施、土方、基础工程等；通过现场勘查或设计不合理、清单项目错误，预计今后实际工程量大于清单工程量的项目；支付条件良好的政府项目或银行项目。

（2）单价在合理范围内可降低的子项目有：后期的工程项目，如粉刷、外墙装饰、电气、零散清理和附属工程等；预计今后实际工程量小于清单工程量的项目。

（3）图纸不明确或有错误，估计今后会有修改的，或工程内容说明不清楚的，其价格可降低，待澄清后可再要求提高价格。

（4）计日工资和零星施工机械台班小时单价报价时，可稍高于工程单价中的相应单价。因为这些单价不包括在投标价格中，发生时按实计算，利润增加。

（5）无工程量而只报单价的项目，如土木工程中挖湿土或岩石等备用单价，单价宜高些，这样不影响投标总价，而一旦项目实施就可多得利润。

（6）暂定工程或暂定数额的报价。这类项目要具体分析，如果估计是今后肯定要做的工程，价格可定得高一些，反之价格可低一些。

（7）如项目业主要求投标报价一次报定不予调整时，则宜适度抬高标价，因为其中风险难以预料。由于不平衡报价法没有考虑到实际施工中经常会出现的工程变更问题和投标竞争环境的影响，所以在使用时必须掌握好尺度，否则会弄巧成拙。总之，不平衡报价是建立在对业主招标书内具体条款的分析之上的一种合理价目配置，投标人应以自己的估价为基础，结合自身在投标竞争环境中的地位和自己对预期利润的期望值来合理确定自己的报价，以免引起业主或评标委员会的反感，致使事与愿违。

是什么原因导致施工企业可以运用不平衡报价法呢？简而言之，是各施工企业之间的差异。在投标报价时，各施工企业一般都是依据现行的概（预）算定额及取费标准编制标书，并对其进行调整的。调整幅度的不同（多数情况是调低）会造成各施工企业对同一个项目的报价各异：各施工企业不同的施工组织设计决定了所采用的施工方法、施工机械设备、材料、人工数量等的不同，有时报价会相差很大；各施工企业管理水平的高低导致了工程成本存在差异，水平高的可以降低工程成本，并加快工程进度，使业主能尽早发挥经济效益，这样的施工企业往往中标率也较高。由于编标时间短、招标文件所提供的内容一般较粗略，施工企业在投标报价时往往凭借施工经验和编标经验，在这种情况下，各施工企业的投标报价就会有差异：工程建设的周期、市场的供求变化等因素会影响人工、材料、机械等价格的变化。因此，在报价时应充分考虑这部分因素。不平衡报价法主要是在同一工程项目中采用的，在总价不变的情况下，对分部分项报价做适当调整，以争取最多的盈利。常见的不平衡报价法见表 7–1。

表 7–1 常见的不平衡报价法

序号	信息类型	变动趋势	不平衡结果
1	资金收入的时间	早	单价高
		晚	单价低
2	工程量估算不准确	增加	单价高
		减少	单价低
3	图纸不明确	增加工程量	单价高
		减少工程量	单价低
4	暂定工程	自己承包的可能性大	单价高
		自己承包的可能性小	单价低
5	议标时业主要求压低单价	工程量大的项目	单价高
		工程量小的项目	单价低
6	报单价的项目	没有工程量	单价小幅度降低
		有假定的工程量	单价较大幅度降低

不平衡报价法具体的调整报价的方法如下。

（1）能够早收到钱款的项目，如吊顶、墙面工程等，其单价可定得高一些，以利于资金周转。后期的工程项目，如粉刷、油漆、电气等，其单价可适当降低。

根据工程经济学的原理，资金是有时间价值的，正式报价的现金流量现值大于投标估价，对投标人来说是有利的，可以达到早收钱的目的。

（2）估计今后会增加工程量的项目，单价可提高些；反之，估计工程量将会减少的项目，单价可降低些。

（3）图纸不明确或有错误，估计今后会有修改的，或工程内容说明不清楚，价格可降低的，待今后索赔时提高价格。

（4）计日工资和零星施工机械台班小时单价报价，可稍高于工程单价中的相应单价。因为这些单价不包括在投标价格中，发生时按实计算，可多得利。

（5）无工程量而只报单价的项目，如土木工程中挖湿土或岩石等备用单价，单价宜高些。这样，既不影响投标总价，以后发生此种施工项目时也可多得利。

（6）暂定工程或暂定数额的估价，如果是估计今后会发生的工程，价格可定得高一些，反之价格可低一些。

作为投标人，工程开工以后，除预付款外，做每件事情都要争取提前拿钱，由于工程款项的结算一般都是按照工程施工的进度进行的，不平衡报价法是把工程量清单中先做的工作内容的单价调高，后做的工作内容的单价调低。这样由于先收回了资金或工程款，有利于施工流动资金的周转，提高了财务应变能力，还有适量的利息收入。如果一直保持收入比支出多，当出现对方违约或不可控因素时，主动权就掌握在投标人手中，使投标人在工程发生争议时处于有利地位，减小投资风险。在投标过程中，投标人的报价水平尤其重要，投标人根据以往的经验判断标书中工程量是否合理或是否存在缺陷，要认真分析，把标书中工程量比实际工程量少的项目单价定得稍高一些，把标书中工程量比实际工程量多的项目单价定得稍低一些。总的结果是：履约时数量少的工作单价较低赔了一点，履约时数量多的项目单价较高利润丰厚，但整个项目最终赚的钱还是增加了，这是不平衡报价法的主要原则之一。当然，这里面也有风险，要看投标人的判断和决策准确与否。即使判断准确，招标人也可通过发变更令减少施工时的工程数量，甚至变更设计，这就需要根据经验和技巧来处理。投标人必须根据不同设计单位和业主的习惯和喜好，以及当地的建筑文化风格等具体情况做出充分的调研和分析后形成决策。项目实施过程中的交涉能力、沟通能力及公共关系的运用也非常重要，对工程量的确认至关重要。单价的不平衡要有适当的尺度，要在合理的范畴内进行调整，不能畸高或畸低。评标委员有可能会要求投标人对那些被认为是明显偏高或明显偏低的项目单价提交单价分析。如果投标人能够对此做出令人信服的解释，比如说有闲置的设备、有现成的临时设施、可供利用的库存材料，或拥有特别优惠的采购渠道、拟采用的施工工艺可使相关的单项工程的成本大幅度降低等，招标人一般不会在此类问题上过分计较。但如果个别单项工程的成本在整个工程项目中所占比重较大，投标价严重背离市场价格，而投标人又无法自圆其说，则不排除评标委员会判定投标书“未做出实质性响应”或“单价分析不合理”。

（二）多方案报价法

多方案报价法一般在两种情况下使用：第一种是在招标文件中规定，允许投标人另行提出自己的建议时使用；第二种是对于一些招标文件，在发现工程范围不很明确，条款不清楚或很不公正，或技术规范要求过于苛刻，投标人将会承担较大风险，为了减少风险就必须扩大工程单价，增加“不可预见费”，但这样做又会因报价过高增加被淘汰的可能性时使用。第二种情况也叫作推荐方案报价法或建筑市场新增方案报价法。其具体做法是在标书上报两个价格，既按照原招标文件报一个价，又提出“如果技术说明书或招标文件某条款做某些改动时，则本报价人的报价可降低……”这样可以降低总价，吸引招标人。若遇这种情况，投标人应组织一批有经验的设计和施工工程师，对原招标文件的设计和施工方案仔细研究，提出更理想的方案以吸引招标人，促进自己的方案中标。这种新的建议可以降低总造价，或使工程提前竣工、工程运用更合理。在增加建议方案时，不宜将方案写得太具体，要保留方案的关键技术，以防止招标人将此方案交给其他投标人。同时要强调的是，建议方案一定要比较成熟，或过去有这方面的实践经验。因为投标时间往往较短，如果仅为中标而匆忙提出一些没有把握的建议方案，可能会引起很多后患。

（三）突然降价法

突然降价法是指先按一般情况报价或表现出自己对该工程兴趣不大，快到投标截止时间时，再突然降价。采用这种方法时，一定要在准备投标的过程中考虑好降价系数。降价系数是指投标人在投标报价时，预先考虑的一个未来可能降低报价的比率，当考虑在报价方面增加竞争能力有必要时，可在临近投标截止日期前，分析情报信息再做出决策。采用这种报价的好处是：可以根据最后的信息，在递交投标文件的最后时刻，提出自己的竞争价格，使竞争对手措手不及；在最后审查已编好的投标文件时，如果发现某些个别失误或计算错误，可以调整系数来进行弥补，而不必全部重新计算和修改；由于最终的降低价格是由少数人在最后时刻决定的，可以避免自己真实的报价向外泄露，而导致投标竞争失利。降低投标价格可以从两方面入手：一方面是降低计划利润，投标时确定计划利润既要考虑自己企业承建任务的饱满程度，又要考虑竞争对手的情况，适当地降低利润和收益目标从而降低报价，会提高中标的概率；另一方面是降低经营管理费，由于竞争的需要，可降低这部分费用，可以在施工中加强组织管理予以弥补。如果采用突然降价法而中标，因为开标只降总价，在签订合同后可采用不平衡报价的思想调整工程量表内的各项单价或价格，以期取得更高的效益。

（四）先亏后盈法

对大型分期建设工程，在第一期工程投标时，可以将部分间接费分摊到第二期中去，少计算利润以争取中标。这样在第二期工程投标时，凭借第一期工程的经验、临时设施及创立的信誉，比较容易拿到第二期工程。

（五）无利润算标

缺乏竞争优势的投标人，在不得已的情况下，只好在算标中根本不考虑利润去竞标。这种办法一般是处于以下条件时采用的。

（1）有可能在得标后，将大部分工程分包给报价较低的一些分包商。

（2）对于分期建设的项目，先以低价获得首期工程，而后赢得机会创造第二期工程中的竞争优势，并在以后的实施中赚得利润。

（3）较长时期内，投标人没有在建的工程项目，如果再不得标就难以维持生存。因此，虽然本工程无利可图，但只要能有一定的管理费维持公司的日常运转，就可设法渡过暂时的困难，以图将来东山再起。

（六）争取评标奖励

有时招标文件规定，对某些技术指标的评标，若投标人提供的指标优于规定指标值，则给予适当的评标奖励，有利于在竞争中取胜。但要注意技术性能优于招标规定，将导致报价相应上涨，如果投标报价过高，即使获得评标奖励，也难以与报价上涨的部分相抵，这样评标奖励也就失去了意义。

总之，报价的技巧和策略并非千篇一律，在实施过程中具体采用何种技巧和策略，应视具体情况而定。但无论怎么变化，投标人应根据自身情况，确定合理、科学的施工方案，制订合理的工期，并根据企业定额编制出合理的报价，增强企业市场的占有量。只有在投标工作中认真总结这方面的经验和教训，深刻剖析，不断探索，才能在以后的投标中取得胜利。

项目小结

本项目首先学习了装饰工程招标投标的概念，明确其在建筑市场中的重要作用和遵循的原则，以及招标投标的程序；其次详细讲解了投标报价编制的程序，从分析招标文件到最终确定报价，每个环节都至关重要；再次深入探讨了投标报价的技巧和策略，如不平衡报价法、多方案报价法等，以帮助读者在投标中提高竞争力；最后对整个招标投标及投标报价过程进行了总结。通过本项目的学习，读者能够全面了解装饰工程招标投标及投标报价的流程和要点，掌握有效的投标报价技巧和策略，具备参与装饰工程投标报价的能力，为在建筑市场中成功获取项目提供有力支持。

项 目 工 单

一、实训准备

虚构一个装饰工程项目，编制详细的招标文件，包括工程概况、技术要求、工程量清单、投标须知等内容。准备一些以往类似项目的投标文件作为参考资料。组织学生分组，模拟不同的投标单位，为每组提供打印纸、笔、计算器等工具。

二、实训内容

各小组模拟投标单位，根据给定的招标文件，进行装饰工程投标报价的编制。首先分析招标文件，进行现场勘查（可假设现场情况），复核工程量；然后制订进度计划与施工方案，进行明细单价计算与分包询价；综合单价及费税计算后，完成工程量清单项目计价表计算与汇总；最后进行投标报价分析与确定报价决策，编制正式的工程量清单项目报价表。完成后，各小组提交投标文件，并进行模拟开标、评标，分析投标报价的合理性和竞争力。

三、分组讨论

以 3 ～ 5 人为一组，选出组长并进行任务分工，将小组成员及分工情况填入表 7–2 中。

表 7–2　小组成员及分工情况

班级：　　　　　　　　组号：　　　　　　　　指导教师：

小组成员	姓名	学号	任务分工
组长			
组员			

四、实施过程

按实际操作过程，将实施内容、遇到的问题及解决办法等记录于表 7–3 中。

表 7–3　工作实施过程记录表

序号	实施内容	遇到的问题及解决办法	结果

五、任务评价

各组展示任务完成情况，并完成考核评价表，见表 7–4。

表 7–4　考核评价表

项目名称	评价内容	满分 / 分	评分 / 分		
			自评	互评	师评
职业素养考核项目	考勤、纪律意识	10			
	团队交流与合作意识	10			
	参与主动性	10			

续表

<table>
<tr><th rowspan="2">项目名称</th><th rowspan="2" colspan="2">评价内容</th><th rowspan="2">满分 / 分</th><th colspan="3">评分 / 分</th></tr>
<tr><th>自评</th><th>互评</th><th>师评</th></tr>
<tr><td rowspan="5">专业能力考核项目</td><td colspan="2">积极参与教学活动并正确理解任务要求</td><td>10</td><td></td><td></td><td></td></tr>
<tr><td colspan="2">认真查找与任务相关的资料</td><td>10</td><td></td><td></td><td></td></tr>
<tr><td colspan="2">任务实施过程记录表的完成度</td><td>10</td><td></td><td></td><td></td></tr>
<tr><td colspan="2">对装饰工程招投标的了解程度</td><td>20</td><td></td><td></td><td></td></tr>
<tr><td colspan="2">独立完成相应任务的程度</td><td>20</td><td></td><td></td><td></td></tr>
<tr><td colspan="3">合计</td><td>100</td><td></td><td></td><td></td></tr>
<tr><td rowspan="2">总评</td><td rowspan="2">自评（20%）+ 互评（20%）+ 师评（60%）=</td><td>综合等级</td><td rowspan="2" colspan="4">指导教师（签名）：</td></tr>
<tr><td></td></tr>
</table>

课后练习

一、选择题

1. 装饰工程招标是建设单位按照相关规定完成项目发包的过程，其中不包括以下哪一项（　　）。

A. 发布公告吸引施工单位竞争

B. 选择条件优越者完成工程建设任务

C. 直接指定施工单位

D. 按照法定程序和方式进行

2. 投标文件的组成部分中，商务标不包括（　　）。

A. 投标函及其附录

B. 施工组织设计

C. 投标报价汇总表

D. 法定代表人资格证明书

3. 装饰工程投标报价技巧中，不平衡报价法是在（　　）确定后，合理调整子项目报价。

A. 投标总价

B. 分部分项工程费

C. 措施项目费

D. 其他项目费

二、填空题

1. 装饰工程招标投标程序包括工程项目报建、招标人自行办理招标或委托招标备案、编制招标文件以及________等。

2. 投标人在编制投标文件时，应根据招标文件要求对________进行核对，如有疑问应以书面形式向招标人提出。

3. 装饰工程投标报价的技巧和策略包括不平衡报价法、多方案报价法、突然降价法、先亏后盈法、无利润算标以及________等。

三、简答题

1. 简述装饰工程招标投标的概念及遵循的原则。

2. 请说明投标报价编制程序中分析招标文件的要点。

项目八

建筑工程全过程造价管理解析

项目导读

建筑工程从项目决策到竣工验收的全过程中，造价管理贯穿始终，它对于控制工程成本、提高投资效益起着决定性作用。然而，在实际操作中，造价管理涉及众多环节和复杂因素，如何对其进行有效的规划、控制和管理呢？本项目将带你全面了解建筑工程全过程造价管理的各个方面，从预算造价管理的基本概念、内容和原理，到招标控制价与投标报价、工程变更与索赔、工程结算与决算等关键环节

学习目标

知识目标

1. 了解建筑工程预算造价管理的概念、内容、原理和相关知识。
2. 掌握招标控制价、投标报价、工程变更等环节的管理要点。

能力目标

1. 能够进行招标控制价和投标报价的编制与分析。
2. 有效处理工程变更和索赔事宜；熟练进行工程结算与竣工决算。

素质目标

1. 培养系统思维能力。
2. 提升综合管理能力和风险防范意识。
3. 增强对工程造价管理的整体把控能力。

思政目标

引导学生树立全局观念和责任意识，在造价管理中注重节约资源、控制成本，为项目的经济效益和社会效益负责。

任务一 建筑工程造价管理基本概念

任务描述

小王刚进入一家建筑公司，负责协助管理一个小型项目的造价。他发现项目中各方对于造价管理的理解和做法各不相同。甲方希望尽可能降低成本，施工方则在保证质量的同时想获取更多利润，这导致在一些费用的支出和控制上产生了矛盾。小王不知道该如何协调，也不明白建筑工程预算造价管理到底该怎么做。那么，建筑工程预算造价管理的概念、内容和原理究竟是什么呢？

任务分析

小王在项目中遇到的各方对造价管理的矛盾，体现了建筑工程预算造价管理的复杂性。需要学习其概念、内容和原理，明确各方在造价管理中的目标和职责，掌握造价管理的基本方法，才能帮助小王协调矛盾，做好造价管理工作。

任务实施

我国经济的发展推动着基础建设项目的快速发展，各地大型建设项目都在如火如荼地进行中，建设工程的造价管理贯穿于整个实施过程。工程造价管理涉及的领域比较多，不确定性较大，因此加强对建设项目全过程工程造价的控制很有必要，要对建设工程进行全过程的工程造价控制，确保我国建设又好又快发展。

目前我国项目工程造价控制方面机制还不健全，绝大部分的建设项目仅开展了施工图预（结）算阶段造价控制，甚少进行全过程、全方位的造价控制。如果仍仅仅只做目前的识图、计算工程量、套定额、取费、算工程总造价等层面的工作，是不能满足当前建设项目对工程造价的控制要求的。在项目实施的过程中会出现许多不可预见的事项，而对这些事项的防范仅靠投资（成本）的控制很难做好，需要对工程造价管理的全过程进行系统的计划与控制。

建设项目全过程造价控制主要是对建设工程投资的有效管理，在该部分中操作人员通过对资金和收益的分配实现对项目生命周期的控制，实现建设项目效益最大化。如何有效地利用投入建设工程的人力、物力、财力，以尽量少的劳动和物资消耗，取得较高的经济和社会效益，保持我国国民经济持续、稳定的增长，是十分重要的问题。

工程造价管理涉及的面广并且有很强的不确定性，因此需要对工程造价管理的全过程进行系统的计划与控制，即进行投资决策阶段控制、设计阶段控制、招投标阶段控制、施工阶段控制、竣工结算阶段控制。

一、建筑工程预算造价管理的概念

建筑工程预算造价管理是指以建筑工程为对象，针对其预算价格所进行的规划和控制活动。前面已经介绍了建设工程造价管理的有关理论和一般内容，同样，对于建筑工程预算造价管理也是一个动态的、全方位的、全面的管理过程。其主要包括工程招投标、施工准备、组织施工和竣工验收等诸多阶段，经历了从施工图预算价格到招投标价格，从合同价格到实际价格的运作，是一个系统的过程。因为建筑产品生产的特殊性决定了建筑工程预算造价管理的特殊性和复杂性，对于预算造价的管理贯穿于建筑产品生产的方方面面的工作当中，如计划编制、物资采购、技术管理、质量管理、合同管理、资金管理、成本管理、风险管理和信息管理等，所以，作为预算工作人员必须对预算造价管理具有全面和深入的认识，必须主动参与到相关项目管理活动当中，注重工程造价管理的广泛性、系统性、科学性和有效性。

建筑工程预算造价管理是工程造价管理的重要组成部分，它是指业主、咨询单位和承包商在建筑工程产品的交易和生产过程中，为实现各自目标所进行的调查、预测、计价、规划、实施、控制和协调等系列活动。其核心在于预算造价的规划和预算造价的控制两方面的内容，前者主要是指确定或计算预算造价的活动，并制定出工程实施期间预算造价的实施方案；后者主要是指在工程决策和实施阶段将预算造价的发生控制在批准的投资限额以内，随时纠正发生的偏差，以保证预算管理目标的实现，合理使用人力、物力和财力，取得较好的经济效益和社会效益。

二、建筑工程预算造价管理的内容

建筑工程预算造价管理主要包括规划和控制两个方面，其主要内容包括：

（1）利用施工图预算的编制原理并结合市场情况确定招标的控制价和投标的报价，寻求合理的建筑工程合同价格。

（2）在合同价的指导下，利用施工图预算的编制方法确定工程变更价款、工程索赔价款、工程结算价款和竣工结算价款。

（3）工程交工验收后，在合同价款、工程变更价款和结算价款等的指导下编制竣工决算书。

（4）在企业中建立和健全各项投资管理和成本管理的有关制度，完善建设项目和施工项目的经济核算制度，做好建设项目的投资控制和施工企业内部的成本管理工作。

三、建筑工程预算造价管理的基本原理

建筑工程预算造价管理主要是对建筑工程招投标和工程施工全过程的管理，这就要求我们必须在组织内部建立起完善、有效的预算造价管理体系，注重对招投标和工程施工等过程中与工程预算造价管理有关的各项工作进行规划、协调和控制。预算造价规划的目的

是为预算造价控制提供目标和措施，因此必须注重建立有效的预算造价规划和控制体系，必须遵循造价控制的组织机制运行的要求、系统控制的要求和动态控制的要求。建筑工程预算造价管理必须注重以下几方面的工作。

（一）建筑工程预算造价管理的组织

建筑工程预算造价管理的组织包括政府行政管理系统和企业内部管理系统两个方面。其中政府既是工程预算造价管理中的宏观管理主体，也是政府投资项目的微观管理主体，其必须建立起严密的预算造价管理的组织系统，设置各级政府管理机构。企业内部管理系统属于微观管理主体，其是市场交易的主体和建筑产品价格决策的主体，因此建立高效、完善的职能部门对于企业具有十分重要的作用。

（二）全过程分阶段的管理

建筑工程预算造价管理贯穿于建筑工程实施的全过程，所以，其必须遵循动态管理的原则。注重在工程实施的各个阶段建立起预算造价的控制体系，以保证预定目标的实现。

（三）控制目标的分解与落实

建筑工程预算造价的规划和实施必须将工程项目分解成可以管理的工作单元，建立起整个项目的目标管理体系，从而更容易、更准确地确定相应的费用。

（四）建立预算造价管理的方法体系

在预算造价的规划和控制过程中，应当注意对方法和措施的合理选择和有效使用，应注重方法的科学性和有效性，一般包括技术方法、经济方法、管理方法、法律方法和行政方法等多方面内容。

四、建筑工程预算造价管理的相关知识

（一）工程造价的合理确定

工程造价的合理确定，就是在建设程序的各个阶段，合理确定投资估算、概算造价、预算造价、承包合同价、结算价、竣工决算价。

（二）工程造价的有效控制

工程造价的有效控制，就是在优化建设方案、设计方案的基础上，在建设程序的各个阶段，采用一定的方法和措施把工程造价的发生控制在合理的范围和核定的造价限额以内。具体来说，要用投资估算价控制设计方案的选择和初步设计概算造价，用概算造价控制技术设计和修正概算造价，用概算造价或修正概算造价控制施工图设计和预算造价，以求合理使用人力、物力和财力，取得较好的投资效益。其主要包括如下方面。

1. 以设计阶段为重点的建设全过程造价控制

建设工程全寿命费用包括工程造价和工程交付使用后的经常开支费用（含经营费用、日常维护修理费用、使用期内大修理和局部更新费用）以及该项目使用期满后的报废拆除费用等。据西方一些国家分析，设计费一般只相当于建设工程全寿命费用的 1% 以下，但正是这少于 1% 的费用对工程造价的影响度占 75% 以上。由此可见，设计质量对整个工程建设的效益是至关重要的。

2. 主动控制

造价工程师基本任务是对建设项目的建设工期、工程造价和工程质量进行有效的控制。为此，应根据业主的要求及建设的客观条件进行综合研究，实事求是地确定一套切合实际的衡量准则，将“控制”立足于事先，主动地采取措施，积极地影响投资决策、设计、发包和施工，主动地控制工程造价。

3. 技术与经济相结合是控制工程造价最有效的手段

工程建设过程中把技术与经济有机结合，通过技术比较、经济分析和效果评价，正确处理技术先进与经济合理两者之间的对立统一关系，力求在技术先进条件下的经济合理，在经济合理基础上的技术先进，把控制工程造价观念渗透到各项设计和施工技术措施之中。

（三）工程造价管理的工作要素

（1）可行性研究阶段对建设方案认真优选，考虑风险，合理编制投资估算。

（2）从优选择建设项目的承建单位、咨询（监理）单位、设计单位，搞好相应的招标。

（3）合理选定工程的建设标准、设计标准，贯彻国家的建设方针。

（4）按估算对初步设计（含应有的施工组织设计）推行量财设计，积极、合理地采用新技术、新工艺、新材料，优化设计方案，合理编制概算，打足投资。

（5）对设备、主材进行择优采购，抓好相应的招标工作。

（6）择优选定施工企业、调试单位，抓好相应的招标工作。

（7）认真控制施工图设计，推行“限额设计”。

（8）协调好与各有关方面的关系，合理处理配套工作（包括征地、拆迁、城建等）中的经济关系。

（9）严格按概算对造价实行静态控制、动态管理。

（10）合理使用建设资金并加强对建设资金的管理，保证资金合理、有效地使用，减少资金利息支出和损失。

（11）严格合同管理，做好工程结算索赔。

（12）强化项目法人责任制，落实项目法人对工程造价管理的主体地位，在法人组织内建立与造价紧密结合的经济责任制。

（13）社会咨询（监理）机构要为项目法人积极开展工程造价管理提供全过程、全方位的咨询服务，遵守职业道德，确保服务质量。

（14）各造价管理部门要强化服务意识，强化基础工作（定额、指标、价格、工程量、造价等信息资料）的建设，为建设工程造价的合理确定提供动态的可靠依据。

（15）各单位、各部门要组织造价工程师的选拔、培养、培训工作，促进人员素质和工作水平的提高。

（四）工程造价管理中对预算人员的要求

建筑工程预算造价管理是一项复杂的、综合性的管理活动，必须依照科学的管理原理和方法对其进行指导。所以，预算人员必须熟悉有关运筹学、组织原理、经济评价方法、技术经济分析、价值工程、预测技术、系统工程等管理原理和方法，还要学习与预算造价管理有关的项目管理、建设法规、合同管理、风险管理、质量管理、成本管理、工程财务、信息管理等方面的知识。

（五）其他事项

建筑工程预算造价管理必须侧重对工程实施过程的管理。因此我们在学习相关知识时应紧抓在预算造价的编制、审核、实施、检查、调整、评价和总结等过程中所使用到的各种理论和方法的学习，按照预算造价管理工作的目的、形式、内容、重要性等选用合适的方法，以满足预算造价管理工作的需要。

任务二　招标控制价与投标报价要点

任务描述

某建筑公司参与一个大型商场建设项目的投标。在准备过程中，公司对招标控制价和投标报价的编制感到困惑，不清楚招标控制价是如何确定的，自己的投标报价怎样才能既符合要求又具有竞争力。比如，在计算各项费用时，不知道该参考哪些标准，也不了解如何应对市场价格波动对报价的影响。那么，招标控制价与投标报价的编制有哪些要点和技巧呢？

任务分析

该建筑公司在大型商场项目投标时对招标控制价和投标报价编制的困惑，反映出很多企业在投标过程中的常见问题。需要学习招标控制价和投标报价的编制方法、依据和技巧，了解市场价格波动的应对策略，才能帮助该公司准确编制报价，提高中标概率。

任务实施

一、基本概念

建筑市场的运行机制本质上是价值规律在起作用的机制，所以价格机制是建筑市场运行机制的核心，而要使价格机制发生作用就必须放开建筑产品的交易价格，由市场对其进行自发的调节和控制。

建筑产品具有不同于一般商品的交易特点，建筑产品在未生产之前就要确定价格，其先通过招投标活动签订工程承包合同，即先达成书面上的交易行为，然后在生产过程中逐步完成合同，从而最终实现整个产品的交易行为。建筑工程招投标价格主要由招标单位编制的招标控制价、投标单位编制的报价、中标以后双方通过协商签订的承包合同价格这一计价程序和计价内容所组成的。

（1）招标控制价：招标控制价是建筑工程造价的表现形式之一，它是由招标单位自行编制或委托中介代理机构编制的，并经当地招标管理机构审核批准的发包价格。招标控制价是招标工程的预期价格，是招标者对招标工程所需费用的自我测算和控制，也是判断投标报价合理性的依据。编制招标控制价是工程招标的一项重要工作。

（2）投标报价：投标报价是指投标单位根据招标文件及有关工程造价计算的资料，按照一定的计算程序计算的工程造价，并在此基础上考虑投标策略以及各种工程造价的因素，然后提出投标价格。投标报价是施工投标的中心工作。

（3）合同价：合同价是指在中标通知书中写明的，按照合同规定完成工程施工及其任何缺陷的修补所应付给承包商的金额。但合同价格不应简单地理解为中标价格，招标单位最终确定中标单位以后，双方还要依据招标文件和投标文件等有关资料，通过协商最终确定工程施工承包合同价格，并且其在合同执行过程中也不断处于变化之中。

综上所述，招标单位通过编制招标控制价对招标工程所需的施工费用进行测算，从而作为评价投标报价合理性的依据；而投标报价是投标单位根据企业自身实力和市场竞争情况所提出的工程承包价格，是建筑产品市场价格竞争的客观反映；合同价格则是在投标价格的基础上针对合同条款和有关技术经济内容协商调整的基础上最终确定的合同承包价格。

二、建筑工程招标控制价格的编制

招标控制价格是衡量投标报价、保证工程质量的基础，它是审核报价、评标和决标的标准，其编制的准确与否直接影响到项目的投资和招标工作的成败，因此必须认真对待。

（一）招标控制价编制的内容

招标控制价文件主要由以下几部分内容组成。

（1）工程量汇总表；

（2）分部分项工程量清单；

（3）措施项目清单；

（4）其他项目清单；

（5）规费税金清单。

（二）招标控制价编制的程序

（1）熟悉全部施工图纸及有关设计技术资料。

（2）掌握招标工程现场的实际情况。

（3）准备和熟悉编制招标控制价的各项基础资料，如工程量计算规则、预算定额表、材料价格、各项取费标准等。

（4）计算工程量，编制工程量清单。

（5）以工程量套用相应工程单价（直接费单价、综合单价或全费用单价）。

（6）计算其他各种费用、汇总工程造价。

（7）根据施工合同要约涉及工程造价的条款，计算其相应价款；如采用固定价格合同形式，招标单位对施工期间内可能出现的预算单价变动，采取一次性付给投标企业一笔风险补偿金的金额，再加要求工程达到优良的优质加价等。

（8）依据国家或地区颁发的有关涉及招标控制价格的规定，计算出构成招标控制价格的价款。

（9）确定招标工程的招标控制价。

招标工程的招标控制价格应由招标单位自行编制，没有能力编制的单位可由其委托具备编制招标控制价格资格的设计部门、咨询部门、监理部门代为编制。

（三）招标控制价编制的方法

招标控制价的编制方法与招标文件的内容及要求有关，《建筑工程施工发包与承包计价管理方法》（建设部令第 107 号）规定“工程计价方法有工料单价法和综合单价法”。目前招投标工程一般采用清单法。

采用清单计价法，建设工程造价由分部分项工程量费、措施项目费、其他项目费、规费和税金组成。

1. 分部分项工程量费

分部分项工程量清单应采用综合单价计价。分部分项工程费应根据招标文件中的分部分项工程量清单项目的特征描述及有关要求，按规定确定综合单价开展计算。综合单价中应包括招标文件中要求投标人担负的风险费用。招标文件提供了暂估单价的材料，按暂估的单价计入综合单价。

2. 措施项目费

措施项目费应按招标文件中提供的措施项目清单确定。措施项目采用分部分项工程综合单价形式开展计价的工程量，应按措施项目清单中的工程量，并按规定确定综合单价；以“项”为单位的方式计价的，按规定确定除规费、税金以外的全部费用。措施项目费中的安全文明施工费应当按照国家或省级、行业建设主管部门的规定标准计价。

3. 其他项目费

其他项目费应按以下规定计价。

（1）暂列金额

暂列金额由招标人根据工程特点，按有关计价规定开展估算确定。为保证工程施工建设的顺利实施，在编制招标控制价时应对施工过程中可能出现的各种不确定因素对工程造价的影响开展估算，列出一笔暂列金额。暂列金额可根据工程的复杂程度、设计深度、工程环境条件（包括地质、水文、气候条件等）开展估算，一般可按分部分项工程费的10%～150%作为参考。

（2）暂估价

暂估价包括材料暂估价和专业工程暂估价。暂估价中的材料单价应按照工程造价管理机构发布的工程造价信息或参考市场价格确定；暂估价中的专业工程暂估价应分不同专业，按有关计价规定估算。

（3）计日工

计日工包括计日工人工、材料和施工机械。在编制招标控制价时，对计日工中的人工单价和施工机械台班单价应按省级、行业建设主管部门或其授权的工程造价管理机构公布的单价计算；材料应按工程造价管理机构发布的工程造价信息中的材料单价计算，工程造价信息未发布材料单价的材料，其价格应按市场调查确定的单价计算。

（4）总承包服务费

招标人应根据招标文件中列出的内容和向总承包人提出的要求，参照以下标准计算：

① 招标人要求对分包的专业工程开展总承包管理和协调时，按分包的专业工程估算造价的1.5%计算；

② 招标人要求对分包的专业工程开展总承包管理和协调，并同时要求提供配合服务时，根据招标文件中列出的配合服务内容和提出的要求，按分包的专业工程估算造价的3%～5%计算；

③ 招标人自行供给材料的，按招标人供给材料价值的1%计算。

4. 规费和税金

招标控制价的规费和税金必须按国家或省级、行业建设主管部门的规定计算。

三、建筑工程投标价格的编制

投标报价是一项涉及面广、影响因素多的工作，施工企业为了提高中标率，必须要重视这项工作。投标单位的报价应根据企业的管理水平、装备能力、技术力量、劳动效率、技术方案等计算出企业的施工成本，再根据投标中的竞争情况确定利润和税金以及适当的风险费用，做出投标决策后，最终提出报价书。所以，投标报价中除了详细准确的估价以外，还必须认真地研究竞争形式、科学地分析市场行情，在按照工程预算编制方法准确估价的基础上做出投标报价的决策，即投标报价包括估价和决策两个核心内容。

（一）报价书的组成

报价书主要是根据招标文件中给出的格式填报即可，即具有标价的工程量清单和其他报价单，按照报价方法不同而有不同形式，可参见前文所列的工程量清单格式。若是采用编制施工图预算的方法，则报价书的组成内容与施工图预算的组成内容基本一致，这里不再多述。

（二）报价程序

报价的计算必须首先根据招标文件计算或复核工程量，并应在熟悉图纸、现场情况、市场情况以及编制施工组织设计等的基础上进行估算，同时还应注意与所采用的合同方式相协调。投标报价的步骤因为报价方法的不同而不同，工程量清单报价的具体步骤如图 8-1 所示。

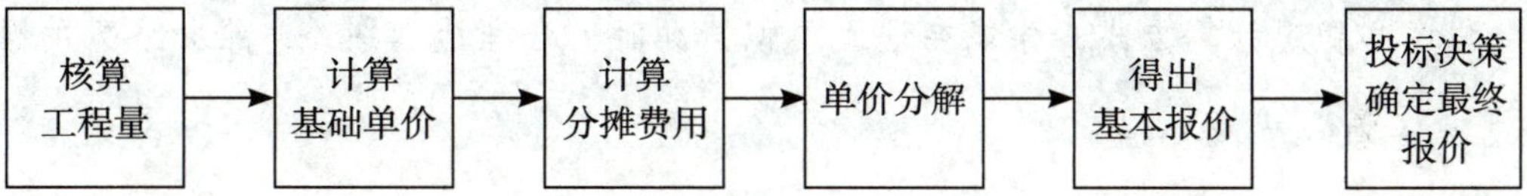

图 8-1　工程量清单报价步骤

（三）报价的编制方法

建筑工程投标报价是计算建筑工程产品本身的价格，其编制方法与招标控制价编制方法的种类应是一致的，但招标控制价是买方的“底价”，而报价则是卖方的“报价”。虽然其计算方法可以相同，但双方的出发点和计价目的不同，因此在计算过程中所考虑的问题就产生了较大的差别。投标企业一般是根据自己的经验和习惯，针对招标文件规定的具体要求，在上述招标控制价编制方法中自主选择一种认为比较合适的算标方法和程序进行计价，具体计价的方法可参见工程预算编制的具体方法，这里不再详述。

（四）投标策略的确定

投标策略是指承包商在投标竞争中的指导思想、系统的工作部署以及其参与投标竞争的方式和手段。因为计价和报价是两个不同的概念，报价是在计价的基础上，分析竞争对手的情况，考虑企业自身的竞争优势，采用适当的投标技巧或策略，在合理确定报价目标的基础上提出最终报价。因此，详细、准确的计价为投标报价提供了重要的基础，而报价又是计价的延伸和升华。合理的报价是指该报价一方面要较低以具有竞争力，另一方面又能在中标以后顺利地执行合同，从而获得合理的利润。

任务三 工程变更与索赔要点

任务描述

在一个桥梁建设项目中，由于设计方案的调整，导致部分已施工的工程需要拆除重建。施工方认为这是业主方的责任，要求业主给予经济补偿和工期延长。但业主方觉得施工方在施工过程中也存在一些问题，双方为此争执不下。这就引出了一个问题，在工程建设中遇到工程变更和索赔情况时，到底该如何处理呢？

任务分析

桥梁建设项目中因设计变更引发的双方纠纷，凸显了工程变更与索赔处理的重要性和复杂性。需要学习工程变更的处理程序、变更价款的确定方法，以及工程索赔的依据、程序和费用计算方式，才能在遇到类似情况时，合理处理纠纷，维护各方的合法权益。

任务实施

扫一扫

工程变更

一、工程变更

（一）基本概念

在工程实施的过程中，经常会遇到由于业主要求变化或现场施工环境、施工技术的要求而产生的设计变更，也可能出现由于承包商原因而导致的工程变更等，这就造成工程量和施工进度等的变化，从而产生工程价格的调整。

工程变更主要包括设计变更、进度计划变更、施工条件变更以及原招标文件和工程量清单中未包括的“新增工程”。

（二）处理程序

由于工程变更会带来工程造价和工期的变化，所以，当工程变更发生时，要求工程师及时处理并确定变更的合理性。工程变更的一般处理程序，如图 8–2 所示。

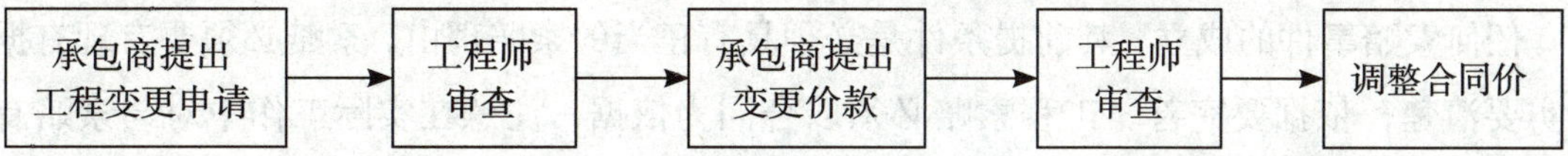

图 8–2　工程变更的一般处理程序

根据建设工程施工合同文本的规定，建设单位对原工程设计进行变更时，甲方应不迟于变更前 14 天以书面形式向乙方发出变更通知。合同履行中甲方要求变更工程质量标准及发生的其他实质性变更，应由甲、乙双方协商解决。

（三）变更价款

工程变更价款的确定应在双方协商的时间内，由承包商提出变更价格，报工程师批准后方可调整合同价或顺延工期。乙方在工程变更确定 14 天内应提出变更工程价款报告，经工程师确认后调整合同价格；如果乙方在双方确定变更后 14 天内不向工程师提出变更价款报告，可视为该项变更不涉及合同价款的变更；工程师在收到变更价款报告之日起 14 天内，应予确认，工程师无正当理由不确认时，自变更价款报告送达之日起 14 天后变更工程价款报告自行生效。

工程变更价款一般应以合同中规定的价格和费率进行计算，也可按照计日工方法计算或双方协商确定。如果合同中已有适用于变更工程的价格，可按合同已有的价格计算变更合同价款；如果合同中只有类似变更工程的价格，可以参照类似价格变更合同价款；如果合同中没有适用或类似于变更工程的价格，由乙方提出适当的变更价格，经工程师确认后执行。

二、工程索赔

（一）基本概念

索赔是指作为合法的所有者，根据自己的权利提出的有关某一资格、财产、金钱等方面的要求。工程索赔是指在合同履行过程中，对于并非自己的过错，而是应由对方承担责任的情况造成的实际损失向对方提出经济补偿和时间补偿的要求。工程索赔包括施工索赔和业主索赔两个方面，一般习惯上将承包商向业主的施工索赔简称为“索赔”，将业主向承包商的索赔简称为“反索赔”。

工程索赔是工程承包中经常发生的正常现象，对施工合同双方而言，工程索赔是维护双方合法利益的权利，它同合同条件中双方的合同责任一样，构成严密的合同制约关系。索赔工作是承发包双方之间经常发生的管理业务，所以，预算人员必须熟练掌握处理索赔的方法和技巧，以维护各自的合理权益。

（二）索赔依据

任何索赔事件的成立，其前提条件是必须具有正当的索赔理由，索赔必须要有理有据，事实要清楚，依据要完善。工程索赔必须以合同为依据，注意在实际工作中对与索赔有关资料的收集和积累，做到处理索赔时以事实和数据为依据。

对索赔依据的要求必须真实、全面、及时、关联和具有法律证明效力。其包括招标文件、工程合同、交底资料、变更通知、施工签证、来往信件、会议纪要和有关施工记录等。

（三）索赔程序

当索赔事件发生以后，甲乙双方应按照合同有关条款的规定及时、合理地处理索赔事件，有关工程索赔的一般程序，如图 8-3 所示。

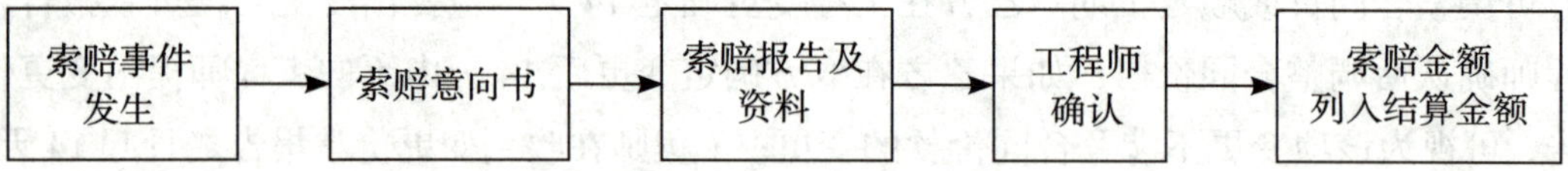

图 8-3　工程索赔的一般程序

（四）索赔费用

工程索赔费用包含了施工承包合同中规定的所有可索赔费用，具体哪些费用可以得到补偿必须通过具体分析来决定。施工索赔要求有理有据，事件要真实、证据要确凿、计算要准确，其一般包括施工现场条件变化的索赔、工程延期索赔、加速施工索赔、物价上涨索赔、施工效率降低索赔、业主违约索赔、暂停施工或终止施工索赔等。对于不同原因引起的索赔，其费用的具体内容有所不同，有的可以列入索赔费用，有的则不能列入，这是承包商从事造价与合同管理必须熟悉的工作范围，必须针对具体问题具体分析，灵活对待。

索赔费用一般按照实际费用法或总费用法进行计算，实际费用法也称为实际成本法，是工程索赔计价中最常用的计价方法，它是以某项索赔工作所支出的实际开支为依据，向业主要求经济补偿，即由索赔事项引起的、超出原计划的费用（额外费用），这种方法一般在直接费的额外费用基础上，再加上应得的间接费和利润，即为最终的索赔金额；总费用法也称为总成本法，即重新计算整个项目的实际总费用，再从中减去原有合同总价即为要求补偿的索赔金额。

任务四　工程结算与竣工决算解析

任务描述

老张的施工队完成了一个小区的道路改造工程，到了结算工程款的时候，却和建设单位产生了分歧。建设单位认为部分工程质量不达标，要扣除一部分款项，施工队则觉得自己按要求完成了任务。同时，在竣工决算时，对于一些费用的计算和资产的核定，双方也各执一词。那么，工程结算与竣工决算究竟该遵循怎样的标准和流程呢？

任务分析

老张施工队与建设单位在工程结算和竣工决算时产生分歧，这是工程建设常见问题。需要学习工程结算和竣工决算的概念、流程、编制方法以及相关标准，才能明确质量问题对结算的影响，掌握资产核定的方法，以便公正合理地处理此类问题。

任务实施

一、工程结算

（一）概述

工程建设是一动态过程，设计、施工条件和市场价格等发生变化都会直接影响到工程的实际价格，这就必须根据工程施工中出现的具体情况和合同中的具体规定等对预定价款进行一定调整，最终形成双方均认可的实际支付价格。其中涉及工程变更及价款的确定、工程索赔及费用的确定、工程预付款及工程价款的结算等内容。工程结算的一般步骤如图 8–4 所示。

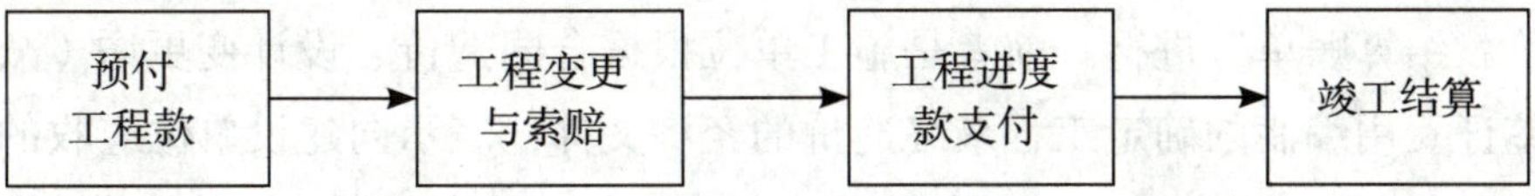

图 8–4　工程结算的一般步骤

（二）预付工程款

一般根据工程承包合同规定，由业主在开工前拨付给承包商一定限额的预付备料款用于主要材料和构配件等的储备。其相当于业主发放给承包商的无息贷款。

预付备料款 =（年度施工产值 × 主要材料所占比重 / 年度法定施工天数）× 材料储备周期（天）

（三）工程变更与索赔

在工程实施的过程中，甲乙双方必须及时处理工程变更和索赔费用问题，并将其列入工程结算价款中。

（四）工程进度款支付（中间结算）

我国现行工程价款的结算方式主要有按月结算、分段结算、竣工后一次结算和双方商定的其他方式等。其主要是由施工企业在施工过程中按照逐月或形象进度等完成的工程数量计算各项费用，向业主办理工程进度款的支付，即由施工企业在旬末或月中向业主提交预支工程款账单，月终再提出工程款结算账单和已完工程月报表，经工程师确认和业主批准以后，收取当月的工程价款，并通过银行进行结算。工程进度款的支付步骤如图 8-5 所示。

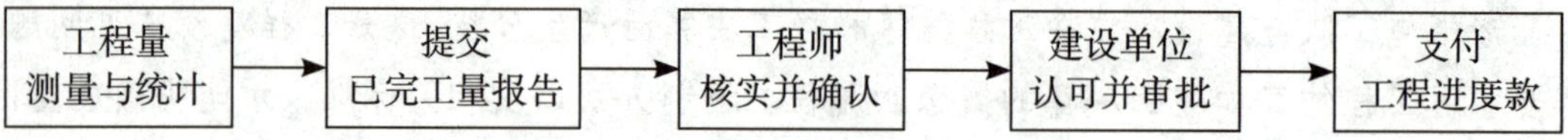

图 8-5　工程进度款的支付步骤

工程进度款支付一般应按照实际完成的工程数量进行计算，因此工程计量就成为中间结算的重要基础工作。需对工程量清单中的全部项目、合同文件中规定的项目、工程变更项目和工程索赔项目进行计量，一般按照工程量清单前言、技术规范中的“计量支付”条款、施工图纸和质量合格证书等进行计量。对于施工过程中人、机、材价格的变化可采用工程价款动态结算的方式予以解决，目前我国常用的动态结算方法有按调价系数结算法、按实际价格结算法和按调价文件结算法三种形式；根据国际惯例，一般采用的是调值公式法，也称为动态结算公式法，调值公式的具体形式由承发包双方在合同中明确规定。

二、竣工结算

当单项工程或单位工程已完工并经建设单位及有关部门验收点交后，要办理工程竣工结算。竣工结算意味着承发包双方经济关系的最后结束，竣工结算应根据“工程竣工结算书”和“工程价款结算账单”进行。前者是施工单位根据合同造价、设计变更增（减）项目和其他经济签证费用编制的确定工程最终造价的经济文件，表示向建设单位应收的全部工程价款；后者是表示承包单位已向建设单位收进的工程款，其中包括建设单位供应的器材（填报时必须将未付给建设单位的材料价款扣除）。这两者须由施工单位在工程竣工验收点交后编制，送建设单位审查无误并征得建设银行审查同意后，由承发包单位共同办理工程竣工结算手续，才能进行工程结算。工程竣工结算的编制方法随工程承发包方式的不同而不同，其主要可划分为以下几种方式。

（一）施工图预算加签证结算方式

施工图预算加签证结算方式是在业主审定的施工图预算的基础上通过价格调整形成的。

由于在施工过程中不可避免地要发生一些变化，如设计变更、材料代用、材料价格的变化、施工条件的变化等，这些情况的出现或多或少都会影响到施工图预算价格的变化，这类工程的结算书就是在原工程预算的基础上加上设计变更增减费用和其他经济签证费用编制而成，也称为预算结算制。其计算公式为

竣工结算价 = 施工图预算 ± 变更增减账

（二）预算包干结算方式

预算包干结算方式也称为施工图预算加系数包干结算方式，这种结算方式是指在施工图预算中以包干系数的形式计取一笔包干费用，如果发生包干范围以内的费用，双方不再办理施工中相应的变更增减账，即在工程结算时不再办理有关价格调整，工程竣工后，仍以原预算加系数的价值进行结算。但双方必须在工程承包合同中明确预算包干系数的包干内容和范围，一般不包括设计变更和非人为因素所造成的损失等内容。其计算公式为

竣工结算价 = 施工图预算 ×（1+ 包干系数）

（三）平方米造价包干结算方式

平方米造价包干结算方式是指合同双方根据一定的工程资料，事先协商好每平方米单方造价指标后，最后乘以建筑面积进行结算，其仅适用于小型工程，一般也不包括设计变更和非人为因素所造成的损失等内容。其计算公式为

竣工决算价 = 建筑面积 × 单方造价

（四）合同价加签证结算方式

合同价加签证结算方式是指在通过招投标确定中标单位，并签订工程承包合同以后，在中标价或合同价的基础上增加合同中未包括而在施工中所发生的工程变更增减的费用进行结算。即一方面如果合同中规定了对设计变更及材料调价等允许调整的条文，施工单位在竣工结算时，可在中标价格基础上进行调整；另一方面如果出现合同条文规定允许调整范围以外非建筑企业原因超出中标价格的费用时，建筑企业可向招标单位提出签订补充协议，作为结算调整价格的依据。其计算公式为

竣工结算价 = 合同价 ± 变更增减账

三、竣工决算

竣工决算是指建设单位在全部工程或某一期工程完工后编制的反映竣工建设项目的建设成果和财务情况的总结性文件。

为了严格执行基本建设项目的竣工验收制度，正确核定新增固定资产价值，考核分析投资效果，建立健全经济责任制，所有新建、改建和扩建项目竣工后，都要按照国家主管部门对基本建设项目竣工验收的有关规定和要求编制竣工决算。竣工决算是办理竣工工程交付使用验收的依据，是竣工验收报告的组成部分，包括竣工工程概算表、竣工财务决算表、

交付使用财产总表、交付使用明细表和文字说明等。它综合反映了基本建设计划的执行情况、工程的建设成本、新增的生产能力以及定额和技术经济指标的完成情况等。

（一）基本内容

竣工决算主要由竣工决算报表、竣工决算报告说明书、工程竣工图和工程造价比较分析四个部分内容组成。大中型建设项目竣工决算报表一般包括建设项目竣工财务决算审批表、大中型建设项目概况表、大中型建设项目竣工财务决算表、大中型建设项目交付使用财产总表和建设项目交付使用财产明细表等；小型建设项目竣工财务决算报表一般包括建设项目竣工财务决算审批表、小型建设项目竣工财务决算总表和建设项目交付使用财产明细表等。

（二）新增资产

竣工决算是办理交付使用财产价值的依据。正确核定新增资产的价值，不但有利于建设项目交付使用以后的财务管理，而且可以为建设项目进行经济后评估提供依据。根据财务制度，新增资产是由各个具体的资产项目构成，按其经济内容不同，可以将企业的资产划分为流动资产、固定资产、无形资产、递延资产、其他资产。资产的性质不同，其计价方法也不同。

任务五 预算审核与造价分析要点

任务描述

一家建筑公司完成了一个办公楼项目后进行预算审核，审核人员发现预算文件中存在一些问题，如部分工程量计算错误、定额套用不合理等。但由于缺乏有效的造价分析，很难判断这些问题对整体造价的影响程度。公司希望能更好地进行预算审核和造价分析，以提高项目的经济效益。那么，如何做好预算审核与造价分析工作呢？

任务分析

该建筑公司在办公楼项目预算审核中发现问题却难以评估影响，体现了预算审核与造价分析的重要性和专业性。需要学习预算审核的方式、内容和方法，以及造价分析的程序和方法，掌握判断问题影响的技巧，才能提高预算审核的质量，提升项目经济效益。

任务实施

一、预算审核

工程预算文件是建筑企业签订承包合同、进行成本管理和办理工程结算的基本依据。工程预算编制的准确、合理与否影响到工程实施的方方面面，所以必须对其加强审核，以保证预算编制的可靠性。通过预算审核有利于合理确定工程造价，加强投资管理和成本管理，有利于国家加强对财政投资的控制。

（一）审核方式

预算审核一般根据审核部门不同划分为内部审核和外部审核两类。这里主要指的是外部审核，其一般可按照工程规模、专业复杂程度、结算方式和审查力量等情况的不同划分为单独审核、联合会审和委托审核三种方式。

1. 单独审核

单独审核是指施工图预算编制完成以后，分别由施工企业自审、建设单位复核、建设银行或政府财政部门等最后审定。它适合于审核部门具有足够的审核力量、工程规模相对不大、采用常规施工技术等的工程。其审核比较专一，不易受外界的干扰。

2. 联合会审

联合会审是指由若干部门共同参与对施工图预算的审核，如建设单位、施工单位、设计单位、建设银行等部门。它适合于建设规模较大、施工技术复杂、审核部门力量不足等的工程。其涉及部门多、审核效率较高，疑难问题容易解决，审核质量容易得到保证。

3. 委托审核

这种形式是指当既不具备联合会审的条件、审核单位又不具备审核力量时，由审核单位可以委托具有编审资格的咨询单位或个人进行审核。

（二）审核内容

工程预算文件的组成内容即为预算审核的内容，一般包括对预算列项的审核、工程计算的审核、定额单价的审核、工程取费的审核等。

（三）审核方法

1. 全面审核法

全面审核法是指对送审的工程预算逐项进行审核，其审核的步骤与编制工程预算的步骤基本相同。它一般适用于工程规模较小、结构简单、施工工艺不复杂和采用标准设计较多的工程。这种方法的特点是全面、细致、质量高，但工作量大、耗费人力和时间较多。

2. 重点审核法

重点审核法是指对送审预算中部分费用较高的项目进行审核的方法。工程费用和工程项目之间也符合帕莱托分配率中“关键的少数和次要的多数”的原理，只要审核了重点工程项目的预算，就基本上可以保证整个预算的合理性了。这种方法的特点是速度快、省时省力，但审核质量不如全面审核法的质量高。

3. 经验审核法

经验审核法是指根据以往类似工程预算审核的经验，只审核容易出现错误的费用项目的方法。因为其主要凭借审核人员的经验进行判断，所以审核速度快，但准确性不高。

4. 分解对比审核法

分解对比审核法是指通过对比分析类似工程和送审工程之间各部分组成费用占预算价格的比例是否一致来进行审核的方法。其适用于采用标准施工图或复用施工图的民用建筑、普通单层工业建筑等的预算审核。这种方法的特点是准确率较高，审核速度较快。

5. 统筹审核法

统筹审核法是指运用统筹法进行预算审核的方法。其基本原理是首先计算出一些基础数据，然后在审核过程中重复加以利用，从而加快预算审核的速度。如土建工程中经常遇到的“三线一面”（外墙中心线、外墙外边线、内墙净长和首层建筑面积）以及门窗的面积等基础数据。这种方法类似于全面审核法，但比全面审核法的效率高。

二、造价分析

随着建筑市场改革步伐的加快，建筑工程预算价格将逐步与市场价格对接，最后完全过渡到由企业根据自身的实力进行报价。这就需要建筑企业逐步积累起企业自身的消耗量和工程单价的各种资料，以适应将来市场竞争的需要。造价分析就是根据已建成的和在建的具有代表性的工程施工预结算资料，采用一定的分析方法将企业计价所需的各类定额资料归集整理出来，如施工成本资料、人机材消耗资料、管理费开支资料等。

（一）造价分析的内容

造价分析主要是积累企业自身实际生产消耗的数量和费用标准，因此其内容主要包括主要工程量、材料数量、设备数量、各种市场价格以及与工程有关的各项技术经济条件等。

（二）造价分析的程序

造价分析的主体是政府造价管理部门、行业协会、建筑企业和咨询机构等，其一般需要通过资料收集、整理、分析、成文和使用等诸项阶段。

（三）造价分析的方法

造价分析一般可通过手工作业和计算机作业进行，前者主要是通过人工对于各类资料的比较和整理进行分析，一般采用数理统计分析的方法进行；后者是指借助计算机信息系统进行资料的收集和整理，利用造价分析软件进行分析。造价分析的工作量大、牵涉面广，所以应积极推广使用计算机建立工程造价资料数据库，开发相应的造价分析软件以提高工程造价分析的效率和质量。

任务六　资金与成本控制计划要点

任务描述

某建筑企业承接了一个大型项目，在项目实施过程中，由于没有合理的资金使用计划，导致资金时而短缺时而闲置。同时，成本控制也出现问题，实际成本超出预算，企业面临亏损风险。项目经理十分苦恼，不知道该如何合理规划资金和控制成本。那么，怎样才能制定出有效的资金使用计划与成本控制计划，避免类似情况发生呢？

任务分析

该建筑企业在大型项目中遭遇资金与成本管理困境，反映出资金使用计划和成本控制计划的重要性。需要学习资金使用计划的编制方法，包括按项目划分和工程进度编制的要点，以及成本控制计划的相关知识，如成本的分类、成本管理的流程等，才能帮助企业解决难题。

任务实施

一、资金使用计划

资金使用计划是指建设单位为了控制工程实施阶段的造价，由造价管理人员所编制的，用于合理确定工程项目造价控制的目标体系。如果没有明确的造价控制目标，就无法将项目的实际支出与其进行比较，也就无法发现偏差，从而使造价控制措施缺乏针对性。

（一）资金使用计划的编制

一般可以按照项目划分原则编制资金使用计划和按照工程进度编制资金使用计划。

1. 按照项目划分原则编制资金使用计划

一个建设项目往往是由多个单项工程组成的，每一个单项工程又是由多个单位工程组成的，而每个单位工程又是由多个分部工程组成的，因此，在对资金的使用进行合理分配时，就可按照这种划分方法将投资目标分解到各个单项工程和分部工程。

2. 按照工程进度编制资金使用计划

建设项目的投资总是分阶段、分期支出的，资金使用是否合理与资金使用时间安排有着密切关系。为了编制资金使用计划，并据此筹措资金，尽可能减少资金占用和利息支付，有必要将总投资目标按照使用时间进行分解，确定每一阶段的分目标数值。

（二）投资偏差的分析

投资偏差是指投资计划值与实际值之间所存在的差额。投资偏差分析主要是通过对实际发生的资金数量与计划目标值之间的偏差分析寻找实际工程投资或增加的原因，从而采取相应的投资控制措施，纠正发生的偏差，从而完成预定的投资计划目标。

对于投资偏差分析的方法主要有横道图法、表格法和曲线法等。一般来讲，引起投资偏差的原因主要包括客观原因、业主原因、设计原因和施工原因四个方面。

二、成本控制计划

成本控制计划是指施工企业为了控制施工项目的成本，由造价管理人员所编制的、用于合理确定施工项目成本控制的目标体系。当施工企业通过招投标活动承揽到施工任务以后，对于施工企业的预计收入就是合同价格，建筑企业能够增加收益的途径主要有两个方面，一个是增收，即通过工程索赔或其他手段力争工程结算价格高于合同价格；另一个方面就是节支，即通过压缩施工项目的生产成本，从而获得较高的收益。无论是增收还是节支，这些都需要建筑企业严格划定施工项目的生产性支出和非生产性支出之间的界限，按照合同价格和企业实际消耗制定成本管理计划，并加以实施，加强控制，从而完成预定的成本目标。

（一）施工项目成本

施工项目成本是指施工企业以施工项目作为成本核算对象的施工过程中所发生的全部生产费用的总和。其根据成本管理的需要，可以划分为不同的成本形式。

（1）按照成本发生时间划分为预算成本、计划成本和实际成本。

（2）按照生产费用计入成本的方法划分为直接成本和间接成本。

（3）按照生产费用与工程量关系划分为固定成本和变动成本。

（二）施工项目成本管理

施工项目成本管理是施工项目管理系统中的一个子系统，施工项目成本管理是施工项目管理的核心内容。其主要是指施工项目经理部在施工项目施工过程中对所发生的各种成本信息，通过有组织、有系统地进行预测、计划、控制、核算和分析等工作，促使施工项目系统内的各种要素按照一定的目标运行，从而使施工项目的实际成本能够控制在预定的计划成本范围以内。

施工项目成本管理系统主要是由成本预测、成本决策、成本计划、成本控制、成本核算、成本检查和成本分析等管理活动组成。

（三）施工项目成本计划

施工项目成本计划是项目经理部对项目施工成本进行计划管理的工具，它是以货币形式编制的施工项目在计划期内的生产费用、成本水平、成本降低率以及为降低成本所采取的主要措施和规划的书面方案。其包括整个施工项目从开工到竣工所必需的全部施工成本，是施工项目降低成本的指导文件，以及施工项目设立目标成本的依据。

施工项目成本计划一般包括降低直接成本计划和降价间接成本计划等内容。

任务七　工程造价纠纷处理方式解析

任务描述

在一个商业综合体建设项目中，施工方和业主因为工程造价问题产生了严重分歧。施工方认为业主变更了多项设计，导致成本大幅增加，要求业主补偿费用；业主则觉得施工方在施工过程中管理不善，拒绝支付额外费用。双方僵持不下，项目进度受到严重影响。面对这种工程造价纠纷，有没有合理的解决办法呢？

任务分析

商业综合体项目中施工方与业主的纠纷，体现了工程造价纠纷对项目的负面影响。需要学习工程造价纠纷的解决方式，包括协商、调解、仲裁及诉讼的流程和要点，才能明确在不同情况下如何选择合适的解决途径，维护双方合法权益，保障项目顺利推进。

任务实施

建设项目中参与单位很多，如建设单位、咨询单位（造价咨询、招标代理、工程监理等）、设计单位、施工单位（总包、分包等）、供货单位（材料、设备等）和政府有关主管部门等，相互之间形成了错综复杂的关系，各参与单位有不同的任务、不同的目标和各自的利益，从而造成管理的复杂性和多变性。这就迫切需要对各参与单位之间的关系进行协调，将各种不同活动有意识地联系在一起使之朝组织目标同步运行，使各参与单位之间相互配合、协调一致、齐心协力地工作。

一、工程造价纠纷

工程造价纠纷主要是指在工程施工过程中，由于各种主观或客观因素的影响造成工程造价的变化，从而在甲乙双方之间所产生的合同争端。如果不及时处理这些争端，任其积累和扩大，将会破坏工程合同双方的协作关系，严重影响工程的实施。所以，甲乙双方必须重视合同争端的处理方法。工程造价纠纷的解决途径主要包括以下三种方式。

（一）力争友好协商解决

友好协商解决是指一切造价纠纷通过甲乙双方友好协商达成一致的解决办法。其可以避免破坏双方的商业关系，有利于工程的顺利进行。实践证明，绝大多数争端是可以通过这种方法得以圆满解决的。

（二）争取调停解决

当造价纠纷不可能通过合同双方友好协商解决时，下一个途径是寻找中间人或组织，争取通过中间调解的办法解决争端，而不是立刻付诸法庭。调解是通过独立、客观的第三方来达成协议，同样可以保持甲乙双方之间的良好商业关系，可以避免争议的激化，最终有利于工程的顺利进行。

（三）最后依靠法律裁决

依靠法律裁决解决争端是最后一个途径，所有经过中间调解未能解决的一切合同纠纷都将通过这一途径最后得以解决。

二、造价纠纷的协商

当工程造价纠纷产生以后，应将其列为会议协商的专题，在现场工程例会上或召开专门会议加以协商解决。这类会议一般由监理工程师主持，承包商和业主代表出席讨论。

其中，监理工程师起着重要作用，因为合同双方发生造价纠纷后都应向监理工程师提出，要求监理工程师做出公正的决定。

三、造价纠纷的调解

当争议双方直接谈判无法取得一致意见时，可由争议双方协商邀请中间人进行调解。这里所指的中间人可以是争议双方都信赖的个人（专家、律师等），也可以是一个专门组织（咨询公司、争端评审委员会等）。

中间调解的过程，也就是争议双方逐步接近而趋于一致的过程。中间人通过与争议双方个别地和共同地交换意见，在全面调查研究的基础上，可以提出一个比较公正而合理的解决意见。但这个解决意见只是作为中间人的建议，对争议双方没有约束力。

在调解方面，一些国家采用了多种有组织、有规定的调解途径，如美国有的调解机构在各地都建立了调解组织，并按照美国国会通过的“合同争端法”进行调解工作，这些调解方式被统称为“解决合同争端的替代方法”（简称为 ADR），也就是法庭外解决合同争端的方法。其主要包括小型审理、中间调解、合同争议评审委员会和合同上诉委员会四种主要方式。

四、造价纠纷的仲裁及诉讼

当造价纠纷通过一切协商和调解手段都不能达成一致意见时，最终的解决途径只有通过仲裁或法院诉讼得以解决。其判决的结果具有法律权威，对争议双方都有约束力，甚至可以强制执行。

对于仲裁机构的选择，一般应在招标文件中做出明确规定，也可通过甲乙双方在签订工程合同时通过协商加以确定。因为仲裁没有法定管辖，而当事人选择仲裁的，仲裁机构做出的裁决是最终裁决，具有法律效力，当事人必须执行，否则，可向具有管辖权的人民法院申请强制执行。

而法院诉讼是一种司法程序，造价纠纷一般应由工程所在地法院管辖，当事人只能向有管辖权的法院起诉作为解决争议的最终方式。

任务八 建筑工程全过程造价控制方法

任务描述

有个开发商计划建造一个高档住宅小区，从项目开始就希望能严格控制造价。但在项目推进过程中，各个阶段都出现了造价失控的迹象。决策阶段投资估算不准确，设计阶段频繁变更图纸导致成本增加，施工阶段对工程进度款和变更管理不善。开发商十分头疼，不知道怎样才能在项目全过程中有效控制造价。那么，究竟有哪些方法可以实现建筑工程全过程造价的控制呢？

任务分析

开发商在住宅小区项目中遇到的造价失控问题，凸显了全过程造价控制的必要性。需要学习从决策、设计、招投标、施工到竣工验收各阶段的造价控制方法，掌握设立管理体系、合理决策、优化设计、规范招投标和施工管理等要点，才能帮助开发商解决造价控制难题。

任务实施

一、设立项目全过程造价管理体系

建设项目的建设是按照建设程序分阶段进行的，在每一阶段，参与项目建设的主体是不同的，在这个过程中，唯有业主直接参与项目建设的全过程，才能对投资决策负责。因此投资者必须全程参与全过程造价管理，并应充分发挥应有的作用。建立建设项目全过程造价管理体系，应该首先建立以投资者为主体的全过程造价管理组织机构，在此基础上，针对项目建设过程的各个阶段，有重点地构建各阶段造价管理对象体系，有针对性地对各个阶段进行造价管理，各个阶段造价管理的有机衔接和结合就形成了全过程造价管理体系。

在工程项目建设的全过程中，工程造价控制贯穿各个阶段。要有效地控制工程造价，应该从组织、技术、经济、合同与信息管理等多方面采取措施。其中技术与经济相结合是控制工程造价最有效的手段。工程建设全过程各个阶段工程造价控制的主要方法有可行性研究、限额设计、招标投标和合同管理等方法。

二、决策阶段工程造价的控制

长期以来，我国普遍忽视项目前期工作阶段的工程造价管理。实际上项目决策阶段工程造价控制对整个项目全过程造价控制起着决定性的作用。据有关资料显示，项目决策阶段和设计阶段影响项目造价的可能性为 40% ～ 70%，而施工阶段影响项目造价的可能性为 5% ～ 25%，因此要有效地控制决策阶段的工程造价。

在项目决策阶段首先应做好准备工作。在项目决策前全面搜集有关资料，包括投资前景、生产效益、周边环境等信息来确定建设地点、建设标准、建设规模。其次投资估算的编制要有依据，可以对同类地区周围项目的经济指标进行调查、对比，并根据项目之间的差异进行估算成本的替换，以便合理地确定投资估算。最后在进行投资方案的决策期间，应尽量多方案比较，选择最优方案。

（一）推行建设项目法人责任制

将建设项目从筹建到实施全过程中的资金使用和偿还责任落实到人，同时建立与项目法人制度相配套的监督机制，由行业主管部门和监督部门共同设立监察组，监督项目资金的使用情况。

（二）实事求是地进行市场分析，避免项目决策的盲目性

减少和降低投资风险，充分考虑建设项目在未来市场中的竞争力，使设计任务书更具科学性和可靠性。

（三）资本金融资必须有正式的承诺文件

投资各方必须做到资金到位，必须有资金文件，确保项目得到批准后能按期实施。对各项贷款的条件应进行认真细致的分析比较，尽量减轻利息负担和还贷压力。

（四）合理地确定较为准确的投资估算

加强工程地质、水文地质以及征地、水源、供电、运输、环保等工程项目外部条件的工作深度，使投资估算有充分依据。同时应广泛调查研究，比较同类项目，认真进行功能

分析、多方案比较和选择，经过充分的技术论证和经济评价后，最终确定技术先进、功能可靠、经济合理的项目建设方案，从而计算出较为准确、切合实际的投资估算额，使工程造价从一开始就定位在一个较为合理的水平上。

三、设计阶段工程造价的控制

控制工程造价的关键在于施工以前，投资决策和设计阶段，而在项目做出投资决策后，控制工程造价的关键应在于设计过程。设计过程是将建设项目进行总体的规划、进而付诸实施的过程，它将工程技术与经济管理对立统一了起来，这一过程是否合理对工程造价的影响也很大，设计部门一定要加强图纸的质量，避免因图纸造成的造价偏差，具体可以从提高标准设计意识、推广限额设计、实行招投标和竞争制度等措施着手，加强设计阶段的造价控制。

（一）提高标准设计意识，推广标准设计

工程建设标准和规范设计来源于工程建设的实践经验和科研成果，是工程建设必须遵循的科学依据。推广标准设计有利于较大幅度降低工程造价，节约设计费用，大大加快提供设计图纸的速度，缩短设计周期。构件预制厂生产的标准件能使工艺定型，容易提高工人技术，提高劳动生产率及统一配件、节约材料，有利于降低构配件成本。

（二）优化设计方案

工程设计是对拟建工程项目在技术上和经济上进行全面的安排和运算，并编制出完整的设计文件。拟建项目一经决策，设计阶段就成为项目建设和造价控制的关键阶段，设计方案的优劣、设计质量的好坏都直接影响着建设项目的造价、进度和质量。因此在满足项目使用功能的前提下，合理设计将使工程造价大幅降低。在选择设计方案时，要考虑到方案的合理性、实用性，也要考虑到工程造价的高低。建议设计人员了解造价方面的知识，造价人员了解专业设计知识，这样可以兼顾实用性和经济性。

（三）推行限额设计

限额设计是控制工程造价的主要手段，所谓限额设计就是按标准的投资估算控制初步设计，按标准的初步设计总概算控制施工图设计，即将上阶段审定的投资额作为下一设计阶段投资控制的总体目标。在设计中各专业在保证达到使用功能的前提下，按分配的投资限额控制设计，以控制工程量为主要内容，严格控制不合理变更，保证总投资额不突破，克服“三超”，使设计与概预算形成有机的整体，克服相互脱节现象。在设计过程中要本着尊重科学、实事求是的态度，加强技术与经济的对立统一，强化设计人员的工程造价意识。树立设计人员高度的责任感，通过对设计方案、设备选型、参数匹配、效益分析等方面进行最优化的设计控制，真正使限额设计落到实处。

（四）控制设计变更

设计单位认真做好图纸的审查工作，可以减少图纸中的错漏现象，使设计阶段的施工图预算更为准确。图纸本身不完善或设计深度不够，将导致在施工阶段的设计变更增加，从而导致工程造价增加。设计单位要提高设计深度，完善设计图纸应注意：在设计阶段确定建筑的最终方案，避免在施工阶段提出更改；加强设计的前期准备工作，如勘察、钻探等；选择合适的设计单位，合理的设计费用；对因设计单位的原因造成设计变更而产生的投资失控，明确其应承担的责任。

四、招投标阶段的造价控制

招投标阶段主要通过合理编制招标控制价、制定完整的招标文件、签订合同等措施来实现工程造价控制目标。

（一）工程量清单及招标控制价

对于较大型项目，在条件允许的情况下，可以采用两个咨询单位背靠背编制工程量清单与限价的方法，保证工程量清单与限价的准确性。招投标阶段实施投资控制的重要环节就是编制投标限价。为实现工程投资控制目标，首先应该将概算建安费用对应分解到各招标类别与各招标标段，同时分解金额作为招标控制价。

（二）招标文件及合同签订

对招标文件要采用多部门审核制度，从而减少由于编制招标文件失误而导致的额外经济损失。拨付工程款与处理索赔、办理工程结算的直接依据是施工合同，合同同时也是实施投资、工期、质量三大目标控制的出发点与归宿。在合同中，要对施工的要求以及施工要注意的事项进行严格的要求。合同是施工单位进行施工时的重要施工依据，也是进行工程造价控制的重要文件。在合同中要将施工的结算方式进行确定，并且也要对合同价变更的情况进行说明，这样不仅能够防止纠纷的出现，而且能够确保合同双方的权益。

五、施工阶段工程造价的控制

（一）施工组织设计方案的论证

为了控制工程造价，在确保质量的前提下，每一项建设工程都应在经济上、技术上对各种施工方案进行对比分析，从中选择可以合理利用人力、物力、财力资源的方案，进而减少工程造价。施工中采用新技术、新工艺，施工现场的良好管理，都可以最大限度地提高劳动效率，降低工程造价。在施工项目的施工中，要选择适宜的施工方式；在选择施工机械时，要从施工单位的实际情况出发，为了确保施工单位能够获得较多的收益，可以选择租用设备进行施工。在进行施工中，对于施工中出现的建筑废料是进行回填还是进行清除，可以依据施工工程造价来进行明确，做到降低工程造价，并且确保施工组织设计方案的最优极其重要。

（二）健全设计变更审批制度

在设计阶段，尽可能控制设计变更，在施工过程中进行设计变更，一定会导致浪费；尽可能提前变更，因为变更越早，损失就较少；在每一项变更设计以前，一定要进行工程量与造价增减分析，同时要经过原设计单位同意。假如变更后工程造价超出总概算，一定要经相关部门审查同意，避免经过变更设计添加设计内容、提高设计标准、提高工程造价的事情发生。

（三）控制工程进度款

控制工程进度款是工程施工阶段全过程进行造价控制的重要内容。造价成本控制工程师应该积极地协助业主对工程进度款的拨付进行严格的控制。具体的做法是，根据施工合同的要求，当工程进度满足了相应的合同付款要求，需要为其拨付进度款时，各施工单位需要按照实际的完工数量提交已完工程的预算，经过监理和业主共同审批后，报经造价成本控制工程师，由造价成本控制工程师对各施工方所提交的已完工程量深入现场进行核实，力求准确。在明确了各施工单位的已完工程量后，再按照合同文件的相关规定，进行合理的工程进度款拨付。

（四）完善隐蔽工程现场签证手续

隐蔽工程是随施工过程的进展而发生的，同时在工程结算中是难以掌握的项目。在基础施工工程中，在工程造价上隐蔽工程占的比重较大。由于建成后后道工序覆盖，前道工序是看不到的，因此如果缺少具体的现场签证工作，就会加大工程结算中的困难。所以每一个施工现场的隐蔽工程签证都需要严格控制，建立详细的隐蔽工程现场签证手续，将事后被动控制变为事先主动控制的工程造价。

六、竣工验收阶段与竣工结算阶段的造价控制

根据投资项目实施全过程造价控制的工作实践和效果，建设工程项目，特别是国有资金和以国有资金为主的投资项目，应大力提倡开展全过程工程造价控制。通过事前、事中、事后三位一体的控制体系，对工程造价进行有效管理和控制，以解决预算超概算、结算超预算的顽疾，提高项目投资的经济效益和社会效益。竣工阶段的竣工验收、竣工结算不仅关系到各方的切身利益，同时由于项目竣工结算是确定工程造价合理的依据，因此无论是施工单位还是业主都十分重视工程价款的审计结算。

竣工结算是整个建筑市场的“灵魂工程”，是建筑工程项目的最后也是重要的一个环节，如果不把竣工结算审核好，那么项目业主前面几个阶段所做的工程造价控制将失去意义。因此，在进行工程竣工结算审核时应依据现行的法律、法规、规范性文件等规定要求和相应的标准、规范技术文件要求，对竣工结算进行严格的实事求是的审核，使工程造价控制在合理的范围内。

竣工结算是最终确定工程造价的依据，要做好结算，应当以图纸为依据审查工作量，严查设计变更引起的工作量增减，防止承包商虚报、多报工程量以套取工程款。还要审查各项费用的计取，审查各项费率、换算系数等是否正确，防止各种计算误差的发生。对工程中存在变更的图纸应仔细核对变更前后的工作量，根据实际工作量进行结算，验收人员还应检查工作记录，看是否有隐蔽工程验收记录。总之，做好工程最后一步验收工作，对全工程的造价控制十分重要。

工程办理竣工验收后，即可办理竣工结算。竣工阶段的造价控制是整个工程造价控制的最后一步，如果出现差错，也会功亏一篑。加强对工程量的审查力度，结算的工程量应该重点以招标文件和承包合同上的为准，同时还要考虑好变更的工程量，工程量的计算和材料用量的核算对造价有很大影响，应该以准确为原则，从以下三方面进行控制管理。

（1）加强对建设成本的控制。

（2）加强对造价结算的编制依据的控制。

（3）审查工程结算中不合理的因素。

综上所述，建筑工程全过程造价管理体系如图 8-6 所示。

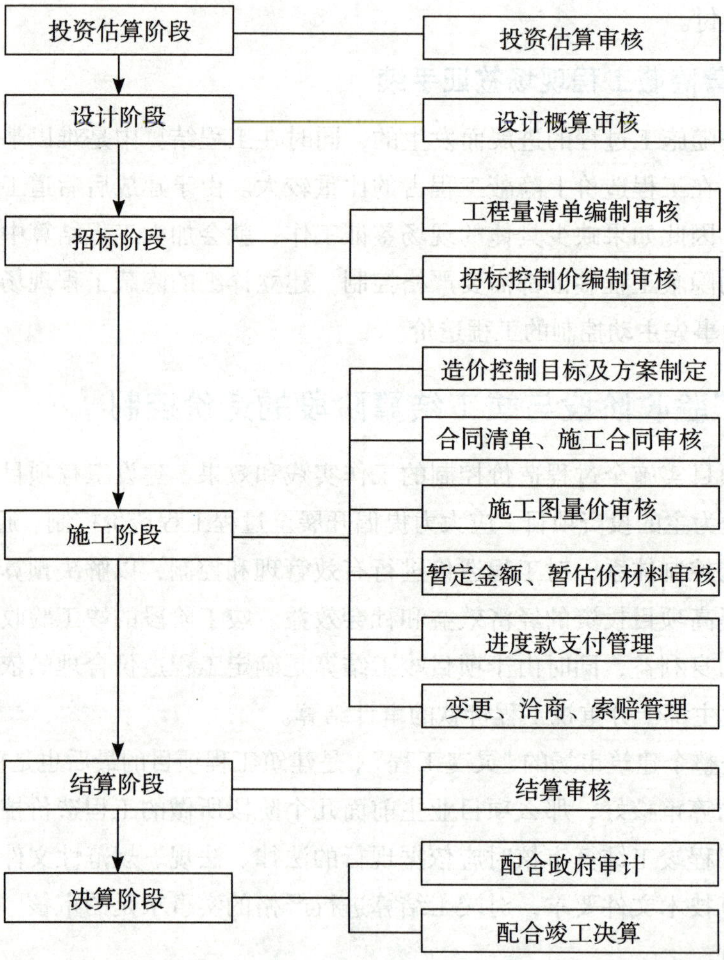

图 8-6　建筑工程全过程造价管理体系

项目小结

本项目围绕建筑工程全过程造价管理展开。首先，介绍预算造价管理的概念、内容、原理及相关知识，让读者认识到其系统性和重要性；其次，重点讲解招标控制价与投标报价编制要点及决策方法；最后，阐述工程变更、索赔、结算、决算的处理流程与费用确定方式，还涉及预算审核、造价分析、资金与成本控制计划，以及造价纠纷解决途径。通过本项目的学习，读者能系统掌握造价管理各环节；在建筑工程领域更好地控制造价，提升经济效益，保障各方权益，推动行业健康发展。

项 目 工 单

一、实训准备

提供一个建筑工程项目的全过程资料，包括项目决策阶段的可行性研究报告、设计阶段的图纸和概算文件、招投标阶段的招标文件和投标文件、施工阶段的工程变更记录和进度款支付凭证、竣工阶段的结算和决算资料等。准备相关的造价管理软件和工具，如工程造价分析软件、项目管理软件等。组织学生分组，每组配备一套项目资料和相关软件工具。

二、实训内容

各小组根据给定的建筑工程项目资料，对该项目进行全过程造价管理分析。从项目决策阶段开始，分析投资估算的合理性；在设计阶段，审查设计方案对造价的影响，并进行限额设计分析；在招投标阶段，评估招标控制价和投标报价的合理性；在施工阶段，模拟处理工程变更和索赔，控制工程进度款支付；在竣工阶段，进行工程结算与竣工决算的审核。每个小组提交全过程造价管理报告，分析各阶段造价管理的问题和改进措施。

三、分组讨论

以 3 ～ 5 人为一组，选出组长并进行任务分工，将小组成员及分工情况填入表 8-1 中。

表 8-1　小组成员及分工情况

班级：　　　　　　　　　　　　组号：　　　　　　　　　　指导教师：

小组成员	姓名	学号	任务分工
组长			
组员			

四、实施过程

按实际操作过程，将实施内容、遇到的问题及解决办法等记录于表 8-2 中。

表 8–2　工作实施过程记录表

序号	实施内容	遇到的问题及解决办法	结果

五、任务评价

各组展示任务完成情况，并完成考核评价表，见表 8–3。

表 8–3　考核评价表

<table>
<tr><th rowspan="2">项目名称</th><th rowspan="2" colspan="2">评价内容</th><th rowspan="2">满分 / 分</th><th colspan="3">评分 / 分</th></tr>
<tr><th>自评</th><th>互评</th><th>师评</th></tr>
<tr><td rowspan="3">职业素养考核项目</td><td colspan="2">考勤、纪律意识</td><td>10</td><td></td><td></td><td></td></tr>
<tr><td colspan="2">团队交流与合作意识</td><td>10</td><td></td><td></td><td></td></tr>
<tr><td colspan="2">参与主动性</td><td>10</td><td></td><td></td><td></td></tr>
<tr><td rowspan="5">专业能力考核项目</td><td colspan="2">积极参与教学活动并正确理解任务要求</td><td>10</td><td></td><td></td><td></td></tr>
<tr><td colspan="2">认真查找与任务相关的资料</td><td>10</td><td></td><td></td><td></td></tr>
<tr><td colspan="2">任务实施过程记录表的完成度</td><td>10</td><td></td><td></td><td></td></tr>
<tr><td colspan="2">对建筑工程全过程造价管理的了解程度</td><td>20</td><td></td><td></td><td></td></tr>
<tr><td colspan="2">独立完成相应任务的程度</td><td>20</td><td></td><td></td><td></td></tr>
<tr><td colspan="3">合计</td><td>100</td><td></td><td></td><td></td></tr>
<tr><td>总评</td><td>自评（20%）+ 互评（20%）+ 师评（60%）=</td><td>综合等级</td><td colspan="4">指导教师（签名）：</td></tr>
</table>

课 后 练 习

一、选择题

1. 建筑工程预算造价管理的核心内容是（　　）。

A. 预算造价的规划和控制

B. 确定招标控制价

C. 编制投标报价

D. 工程结算

2. 以下关于招标控制价的说法，错误的是（　　）。

A. 由招标单位自行编制或委托中介代理机构编制

B. 是招标工程的预期价格

C. 是判断投标报价合理性的依据

D. 招标控制价可以随意调整

3. 在工程变更中，当合同中没有适用或类似于变更工程的价格时，变更价款由（　　）提出。

A. 工程师

B. 业主

C. 承包商

D. 监理单位

二、填空题

1. 建筑工程预算造价管理包括规划和控制两个方面，其中规划主要是指确定或计算预算造价的活动，并制定出工程实施期间预算造价的________；控制主要是指在工程决策和实施阶段将预算造价的发生控制在批准的投资限额以内。

2. 工程索赔包括施工索赔和业主索赔两个方面，一般习惯上将承包商向业主的施工索赔简称为“索赔”，将业主向承包商的索赔简称为________。

3. 竣工决算是指建设单位在全部工程或某一期工程完工后编制的反映竣工建设项目的建设成果和________的总结性文件。

三、简答题

1. 简述建筑工程全过程造价控制的主要阶段及各阶段的控制要点。

2. 简述造价纠纷的解决途径及各途径的特点。

参考文献

[1] 杨永生，黄秉英．建筑装饰工程概预算 [M]．北京：机械工业出版社，2024．

[2] 张虎伟．建筑与装饰工程预算 [M]．北京：北京理工大学出版社，2024．

[3] 赵晨光，蒋升桓，乔宁．建筑工程预算：微课版 [M]．哈尔滨：哈尔滨工程大学出版社，2024．

[4] 吴凯．工程估价 [M]．北京：化学工业出版社，2023．

[5] 门小静．建筑工程计量与计价实训 [M]．哈尔滨：哈尔滨工程大学出版社，2023．

[6] 周艳．建筑与装饰工程预算 [M]．广州：华南理工大学出版社，2023．

[7] 陈祖建，黄晖．室内装饰工程概预算与招投标报价 [M]．北京：电子工业出版社，2022．

[8] 范菊雨．建筑装饰工程预算 [M]．北京：北京大学出版社，2021．